口絵 1　LNG 火力発電所
LNG を燃料とする 1,500〜1,600 ℃級コンバインドサイクル（図 6.4 参照）

（出典　株式会社 JERA 川崎火力発電所：(https://www.jera.co.jp/corporate/business/thermal-power/list/kawasaki)）

口絵 2　(a) 排熱回収ボイラー

(b) 蒸気タービン

(c) ガスタービン

口絵 2　コンバインドサイクル発電写真（図 5.5 参照）

（出典　株式会社 JERA 川崎火力発電所：(https://www.jera.co.jp/static/files/corporate/business/thermal-power/list/kawasaki/pdf/kawasaki_2205.pdf)）

（a） 東北電力上田発電所　昭和29年（1954年）3月運転開始
63,900 kw　福島県大沼郡金山町

（b） 発電機軸室の内部
左側の大きな円筒内に
水車と繋がる軸がある

（c） 発電機軸室入口の銘板
竪軸と旧字が使われている
製造年：昭和28年

口絵 3　水力発電所の見学風景（図 12.5 参照）
（2022 年 8 月　筆者撮影）

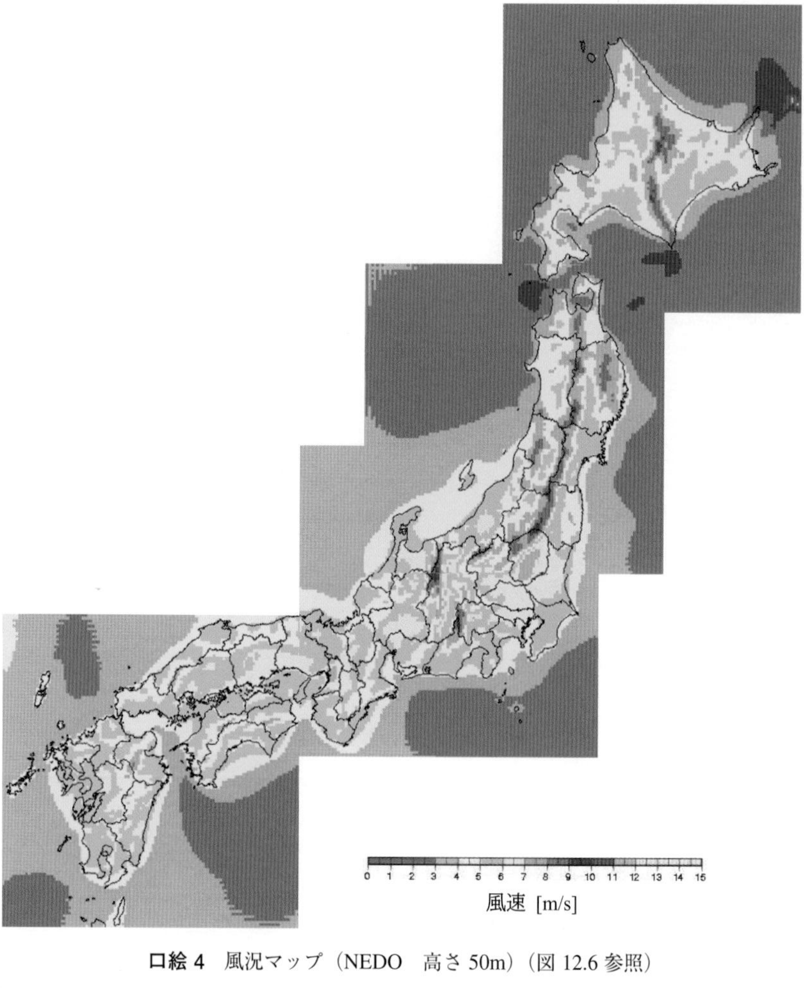

口絵 4　風況マップ（NEDO　高さ 50m）（図 12.6 参照）

（出典　国立研究開発法人新エネルギー・産業技術総合開発機構（NEDO）局所風況マップ：
(https://www.enecho.meti.go.jp/category/saving_and_new/saiene/yojo_furyoku/index.html)）

(a) コスモエコパワー
会津若松ウインドファーム
2015年2月運転開始 16,000 kW
(2,000 kW 8基)
福島県会津若松市

(b) タワーの内部見学
点検用エレベーターで
ナセルまで上がれる
電力・制御用の配線と，
変圧器・制御盤がある

口絵 5　風力発電所の見学風景（図 12.9 参照）
（2022 年 8 月　筆者撮影）

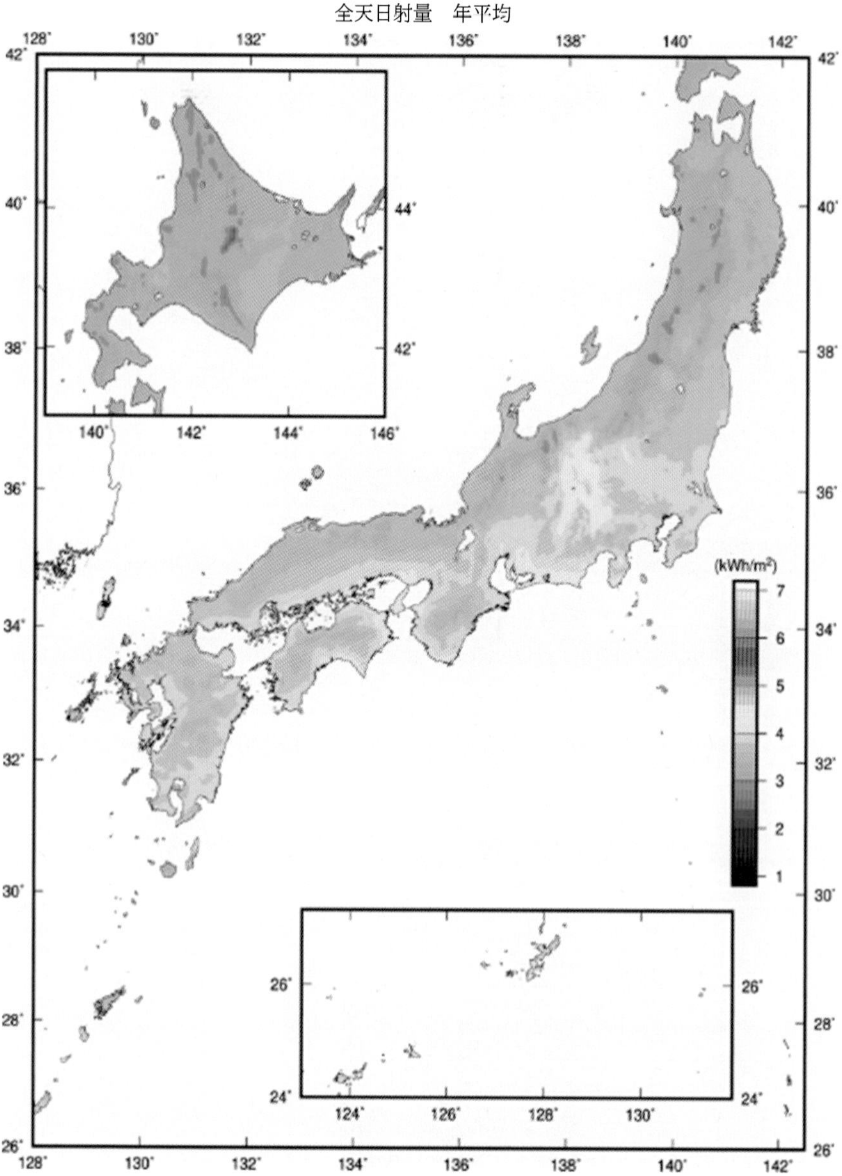

口絵 6　NEDO 全天日射量マップ（図 12.10 参照）

（出典　国立研究開発法人新エネルギー・産業技術総合開発機構（NEDO）
全天日射量マップ：(https://appww2.infoc.nedo.go.jp/appww/colormap.html)）

(a) 筆者所有の太陽光発電所全景　福島県伊達郡川俣町
2013年設備認定取得　2014年6月竣工

(b) モジュール228枚
(単結晶シリコン60セル 250 W)
直流最大出力 57 kW

(c) モジュール裏面と架台
1.9 mスクリュー型基礎
パネル角度15°

(d) 10 kWパワー
コンディショナー5台
(2台は別の架台に)
システム交流
最大出力 49 kW

(e) 交流
集電箱

(f) 売電用
電力量計

(g) トランス低圧側
3相200 Vに連系

口絵 7　太陽光発電所のシステム構成（図 12.15 参照）
（2023 年 4 月　筆者撮影）

（a）南相馬真野右田海老太陽光発電所
モジュール総出力 59,900 kW

（b）万葉の里風力発電所
9,400 kW（2,350 kW 4基）

（c）福島県南相馬市沿岸部

（d）東北電力　原町火力発電所
燃料：石炭　2,000,000 kW （100万kW 2基）

口絵 8　福島県南相馬市エネルギーゾーン（図 13.3 参照）

（出典　(a), (c), (d) Google Map：(https://www.google.co.jp/maps)，
(b)（株）南相馬サステナジー：(https://www.city.minamisoma.lg.jp/portal/sections/13/1360/13602/1/2395.html)）

カーボンニュートラル社会実現のための

資源・エネルギー学

浅田隆志・佐藤理夫 著

共立出版

まえがき

2023 年夏，今年も連日のように全国各地で気温 35 ℃を超える猛暑日が続いている．7 月は日本の観測史上，最も平均気温が高く，45 年ぶりに記録を更新したと報道されている．また，近年は記録的な大雨も多く，筆者自身も地球温暖化を実感するようになった．これ以上の地球温暖化の進行を防止するために一刻も早い世界的な対策が必要である．地球温暖化の原因である二酸化炭素等の温室効果ガスの排出量を削減するための取組みがさまざまな分野で求められているが，我が国の 2020 年度温室効果ガス排出量概要をみると国内の温室効果ガス排出量のうち 84.1%はエネルギー起源の二酸化炭素である．したがって，エネルギー分野で二酸化炭素排出量を削減することが，カーボンニュートラルな社会の実現のために重要であると言える．一方で，現代の我々の生活においては，エネルギーの利用無しには生活が成り立たなくなっているのも事実である．豊かな生活と二酸化炭素排出削減をどうやって両立させるのか，1 人 1 人が考えなくてはならない．

本書は，資源問題や地球環境問題を背景としてカーボンニュートラル社会実現のために必要な資源・エネルギーに関する基礎知識や技術について幅広くコンパクトにまとめたものである．まず，資源問題，地球環境問題，エネルギー事情，これまでのエネルギーの中心であった化石資源に関する基礎知識や各種エネルギー変換技術について解説している．エネルギーに関する技術的な基礎に留まらず，最新の統計データや COP 等の国際的な取組状況も含んでいる．さらに，これからのエネルギーとして重要な再生可能エネルギーや水素エネルギー等の最近の注目分野についても基礎事項から実例まで取り上げている．

本書は，特定の技術分野のみを深く書いた「技術の専門書」ではない．理系大学生にとっては特定の技術を深く学ぶ前の入門書として，文系大学生や一般社会人にとっては，一部の章は難易度が高いものの，エネルギーを語る上での基礎知識を学ぶための入門書として役立てていただきたい．本書が，将来のエネルギーのあり方を考える一助になれば幸いである．

最後に，本書の執筆にあたっては，多数の著書や論文の他，国内外の公的機関・民間企業・各種団体の出版物・ホームページ等を参考にまたは引用させていただいた．これらについては出典，参考文献として示している．各著者に深く感謝いたします．また，本書の出版に当たりお世話になった共立出版（株）ならびに同社編集制作部の時盛健太郎氏に深く感謝いたします．

2023 年 8 月

浅田隆志
佐藤理夫

〈執筆分担〉

浅田隆志　第 1 章，第 2 章，第 3 章，第 8 章，第 9 章，第 12 章（12.4 節）

佐藤理夫　第 4 章，第 5 章，第 6 章，第 7 章，第 11 章，第 12 章（12.1-12.3 節），第 13 章

目　　次

第1章　エネルギーの基礎と地球環境問題

1.1　エネルギーの基礎

エネルギーとは，何らかの仕事をする能力あるいは熱を伝える能力のことである．また，仕事とは，力に逆らって物体を動かすために使われるエネルギーのことである．エネルギーには**図 1.1** の例のようなさまざまな形態があり，基本的には**図 1.2** に示すように相互に変換可能であるが，そのエネルギーの総量は変化しない．つまりエネルギー保存則（熱力学第 1 法則）が成立する．しかし，あるエネルギーを別の形態に変換する場合，エネルギーは通常 100%の効率では変換されない．

たとえば，**図 1.3** に示したような化石燃料を燃焼して発電する火力発電におけるエネルギー変換の例では，化石燃料がもつ化学エネルギーは，ボイラーで水蒸気（熱エネルギー）に変換され，さらにタービンを用いて回転運動（運動エネルギー）に変換され，最終的に発電機を用いて電気（電気エネルギー）に変換される．各工程の変換効率は，100%ではなく，たとえば，ボイラーの効率

① 熱エネルギー（燃焼熱，地熱，海洋熱等）
② 力学的エネルギー（運動・位置エネルギー等）
　（風力，水力等）
③ 化学エネルギー（燃焼・化学反応によるもの）
　（燃料電池等）
④ 電気エネルギー　（電気）
⑤ 光エネルギー　（太陽光等）
⑥ 核エネルギー　（原子力）
等

図 1.1　エネルギーの形態と例

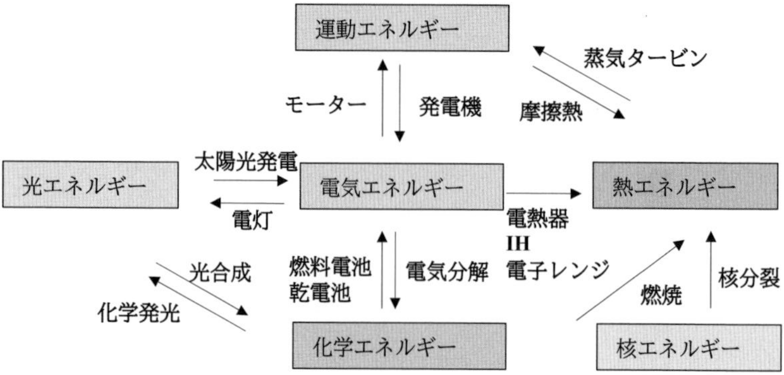

図 1.2　エネルギーの相互変換

（出典：安井伸郎，新版エネルギーの科学，三共出版，2009）

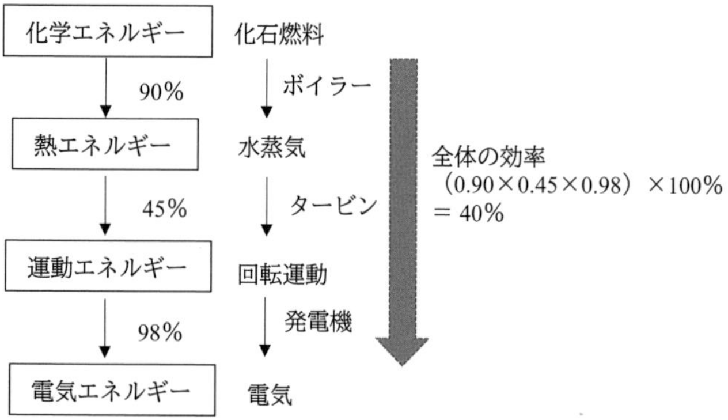

図 1.3　火力発電におけるエネルギー変換

は 90%，タービンの効率は 45%，発電機の効率は 98%程度である．したがって，火力発電における化石燃料から電気への変換における全体の効率は 40%程度となる．

エネルギーは，1 次エネルギーと 2 次エネルギーに分類されることがある．1 次エネルギーは，自然から採取されたままの物質を源としたエネルギーのことで，石炭，石油，天然ガス，水力，原子力等が 1 次エネルギーに該当する．一方，2 次エネルギーは，1 次エネルギーを変換・加工したものであり，電気や都市ガス等が該当する．

石炭，石油，石油ガス，天然ガス等の化石資源は，約数千万年～約 3 億年前に地球上に生育していた生物が地下に埋もれ，長い年月をかけて変化した結果できたものである．特に燃料としての利用に着目したとき，これらを「化石燃料」と呼んでいる．化石資源のうち，原油は，地下から掘り出されたままの石油のことであり，石油ガスは，油田や石油精製設備等の副生ガスから取り出したブタン，プロパン等を主成分としたガスである．また，天然ガスは，メタンを主成分とした気体状の地下資源である．石炭，石油，天然ガス等の詳細は，改めて第 3 章で説明する．

資源は，枯渇性資源と非枯渇性資源に大別できる．枯渇性資源の例として化石資源が挙げられる．化石資源の成分の多くは，炭化水素であり，炭化水素が燃焼により二酸化炭素と水に変換されると，我々の時間スケールでは元の炭化水素に戻らないため，化石資源を使い続ければいずれ枯渇することになる．しかし，埋蔵量をすべて使い切らなくても，現在の技術・経済水準では使用できない状態になれば，それは資源の枯渇を意味する．一方，非枯渇性資源としては，太陽光のように使用量とは無関係に枯渇はないと考えられるものと，バイオマスのように現存量に依存するものに分けられる．バイオマスは再生産が可能な範囲で用いるという条件での非枯渇性資源である．

1.2　エネルギーと地球環境問題

1980 年代以降，オゾン層の破壊，地球温暖化，熱帯林の破壊や生物多様性の喪失などの地球環境問題が表面化され，世界的な規模での対策の必要性が指摘されるようになった．1988 年に世界気象機関（WMO）と国連環境計画（UNEP）によって設立された政府間組織である「気候変動に関する政府間パネル（IPCC：Intergovernmental Panel on Climate Change）」により，「人為起源の温室効果ガスがこのまま大気中に排出され続ければ，生態系や人類に重大な影響をおよぼす気候変化が生じるおそれがある [1)]」ということが報告された．これにより，気候変動に関する国際的な枠組みの必要性が認識され，1992 年 6 月の国連総会において，大気中の温室効果ガスの濃度を安定化させることを究極の目標とする「国連気候変動枠組条約（UNFCCC: United Nations Framework Convention of Climate Change）」が採択された．また，同条約に基づき，「国連気候変動枠組条約締約国会議（COP：Conference of the Parties）」が1995年から毎年開催されており，2022年11月にはシェルム・エル・シェイク（エジプト）にてCOP27が開催された．

1997年12月に開催されたCOP3においては「気候変動に関する国際連合枠組条約の京都議定書」いわゆる京都議定書が採択された．京都議定書では，原則として1990年を削減基準年として，削減基準年の排出量から2008年～2012年に先進国全体で少なくとも5%削減するよう各国の数値目標が課せられ，日本の削減率は6%，先進国全体で5.2%削減することになった．

その後，2015年12月に開催されたCOP21において新たな国際合意であるパリ協定が採択された．パリ協定は，先進国，途上国の区別なくすべての国が温室効果ガス排出削減等の気候変動の取組に参加する枠組みであり，世界共通の長期削減目標として産業革命以前からの気温上昇を2℃未満に抑制することを規定するとともに，1.5℃までへの抑制に向けた努力を継続することが目的として掲げられ，主要排出国・途上国を含むすべての国が，削減目標を策定，国内措置を遂行，5年ごとに同目標を提出し，世界全体としての実施状況の検討を5年ごとに行うことになった．日本は2030年度に2013年度比26.0%減を目標[2)]としている．

このような地球温暖化に対するこれまでの世界的な取り組みにも関わらず，近年，ますます地球温暖化の問題が深刻になってきており，これを背景に我が国では，2020年10月の臨時国会で当時の菅義偉総理大臣が所信表明演説において，我が国は，2050年までに温室効果ガスの排出を全体としてゼロにする，すなわち2050年カーボンニュートラル，脱炭素社会の実現を目指すことを宣言した．カーボンニュートラルとは，温室効果ガスの排出量と吸収量を均衡させることであり，排出量を全体としてゼロにするということは，二酸化炭素やメタン等の温室効果ガスの排出量から植林や森林管理等による吸収量を差し引いた合計をゼロにすることで，温室効果ガスの排出量を実質的にゼロにすることを意味している．

カーボンニュートラルな社会の実現のためには，温室効果ガスの排出量を削減するとともに，吸収作用の保全と強化が必要となる．我が国の2020年度温室効果ガス排出量概要[3)]を見ると，国内の温室効果ガス総排出量のうち84.1%

はエネルギー起源の二酸化炭素である．したがって，カーボンニュートラルな社会の実現のためには，エネルギー起源の二酸化炭素排出量の削減は，最も重要であると言える．本書においては，カーボンニュートラルな社会の実現に向けて，エネルギーの分野での温室効果ガス排出量削減のために何が必要なのかを考えるため，古くからエネルギー源として利用されてきた資源である化石燃料とそのエネルギー変換技術について解説するとともに，今後ますます重要になる再生可能エネルギー等の化石資源に依存しない新しい創エネ技術および省エネ技術等を解説する．

参考文献

1) 環境省 HP，気候変動に関する政府間パネル（IPCC）第 1 次評価報告書（FAR）について（1990 年）：(https://www.env.go.jp/earth/ondanka/ipccinfo/ipccgaiyo/report/ipcc_hyoukahoukokusho1.html)
2) 外務省 HP，パリ協定（概要）：(https://www.mofa.go.jp/mofaj/files/000198007.pdf)
3) 環境省脱炭素社会意向推進室・国立環境研究所　温室効果ガスインベントリオフィス，2020 年度温室効果ガス排出量（確報値）概要：(https://www.env.go.jp/content/900518857.pdf)
4) 安井伸郎，エネルギーの科学，三共出版 (2009)
5) 世良力，資源・エネルギー工学要論，東京化学同人（2013）
6) 桂井誠，基礎エネルギー工学，数理工学社（2013）
7) 平田哲夫，田中誠，熊野寛之，羽田義昭，図解　エネルギー工学，森北出版 (2011)
8) 荻野和子　監訳，ブラウン一般化学 I，丸善出版（2015）
9) 北野大　編著，資源・エネルギーと循環型社会，三共出版（2003）

第2章　国内外のエネルギー事情

2.1　国内のエネルギー事情

我が国の最終エネルギー消費の推移を**図 2.1** に示す．日本の最終エネルギー消費は 2005 年頃まで増加してきたが，2005 年をピークにそれ以降は減少傾向にある．省エネルギー化が進んだことや 2011 年度の東日本大震災以降の節電意識の向上等により最終エネルギー消費が減少したと考えられる．また，エネルギー効率（1 単位の国内総生産（GDP）を生み出すのに必要な 1 次エネルギー供給量）は，1973 年度の 70 PJ/兆円から 2020 年度には 34 PJ/兆円に大きく減少した．これは，世界平均の約 40%（2019 年度）であり，日本のエネルギー効率は世界と比べても低水準（利用効率が高い）であると言える．

一方，我が国におけるエネルギーの問題として，まず化石資源への依存度が高いことが挙げられる．1 次エネルギーの国内供給の推移（**図 2.2**）を見てみると，日本国内で供給されている 1 次エネルギーの大部分（2020 年度は 84.8%）が化石資源であることがわかる．日本は化石資源のほとんどを輸入に依存していることから，日本にとって化石資源の安定的な供給は大きな課題である．

化石資源の中でも特に，原油については，輸入比率と中東依存度の高さが大きな課題である．**図 2.3** に原油，天然ガス，石炭の輸入比率の推移を示す．日本の原油の輸入比率は，1970 年頃からずっと 99.5%以上の状況であり，2020 年度の輸入比率は 99.6%であった．輸入比率の高さの問題は，天然ガスや石炭も同様であり，2020 年度の天然ガスおよび石炭の輸入比率はそれぞれ 97.9%と 99.7%であった．

また，日本の原油輸入先は，主に中東地域のサウジアラビア，アラブ首長国連邦，カタール，クウェート，イラク，オマーン等であり，中東依存度の高さも課題である．**図 2.4** に原油輸入量と中東依存度の推移を示す．石油危機の経

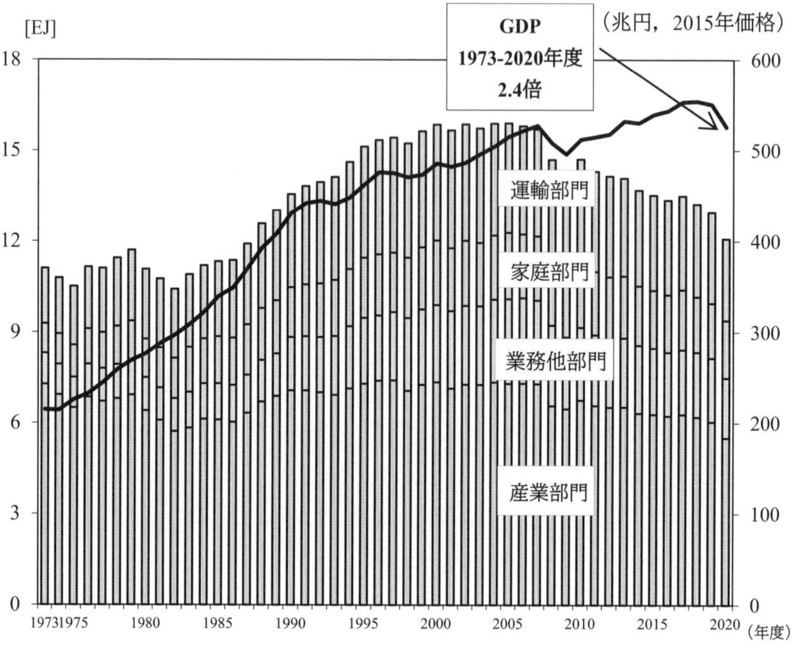

（注1）J (ジュール)=エネルギーの大きさを示す指標の1つで,
1MJ＝0.0258×10^{-3}原油換算[kl].
（注2）「総合エネルギー統計」は、1990年度以降の数値について算出方法が変更されている.
（注3）産業部門は農林水産鉱建設業と製造業の合計.
（注4）1979年度以前のGDPは日本エネルギー経済研究所推計.

（資源エネルギー庁「総合エネルギー統計」，内閣府「国民経済計算」，日本エネルギー経済研究所「エネルギー・経済統計要覧」より）

図 2.1　最終エネルギー消費と実質 GDP の推移

（出典　資源エネルギー庁，令和3年度エネルギーに関する年次報告（エネルギー白書 2022）p72：(https://www.enecho.meti.go.jp/about/whitepaper/2022/pdf/2_1.pdf))

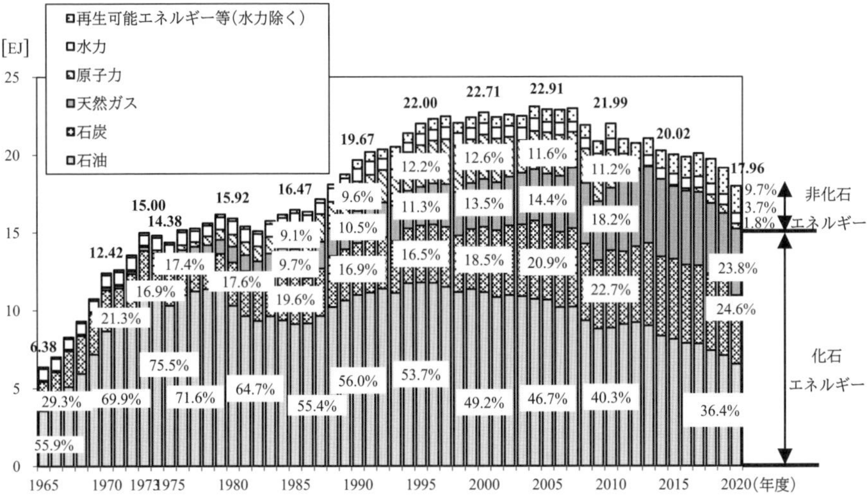

(注1)「総合エネルギー統計」では，1990年度以降，数値について算出方法が変更されている．
(注2)「再生可能エネルギー等(水力除く)」とは，太陽光，風力，バイオマス，地熱などのこと(以下同様)．

(資源エネルギー庁「総合エネルギー統計」より)

図 2.2　1 次エネルギー国内供給の推移

(出典　資源エネルギー庁，令和 3 年度エネルギーに関する年次報告（エネルギー白書 2022）p75：(https://www.enecho.meti.go.jp/about/whitepaper/2022/pdf/2_1.pdf))

験から，日本は原油輸入先の多角化により，1967 年度に 91.2%であった中東依存度が 1987 年度には 67.9%まで低下したが，その後，中国や東南アジア諸国からの原油輸入量が減少したことにより，中東依存度が再び増加した．2010 年代には，ロシアからの原油輸入の増加等で，中東依存度もわずかに低下したが，近年，また中東依存度が増加し，2020 年度の中東依存度は 92.0%であった．

原油の輸入価格と原油輸入額が輸入全体に占める割合を**図 2.5** に示す．日本の総輸入金額に占める原油の輸入金額の割合は，第 2 次石油危機後には 30%を超えるほどの大きな負担であった．その後，原油価格の低下とともにこの割合は低下し，1986 年度以降は，5〜10%程度で推移していた．しかし，2005 年か

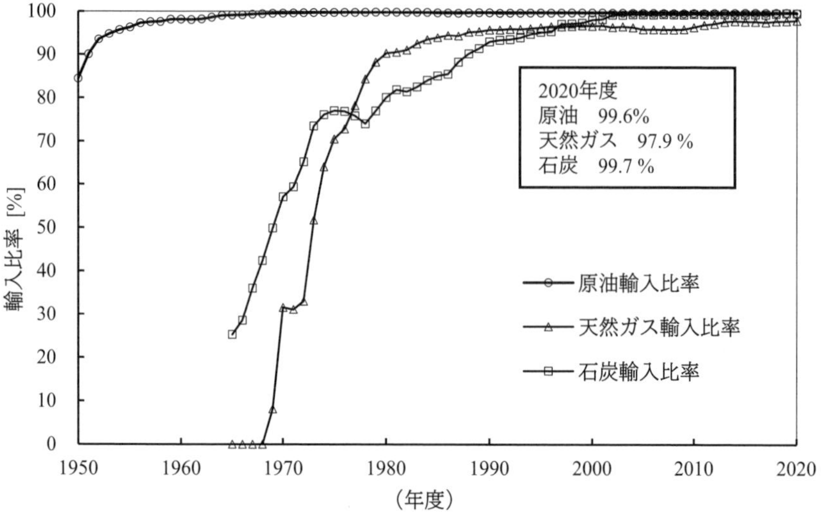

図 2.3　原油，天然ガス，石炭の輸入比率の推移

（出典　資源エネルギー庁，令和 3 年度エネルギーに関する年次報告（エネルギー白書 2022）p82，85，88：(https://www.enecho.meti.go.jp/about/whitepaper/2022/pdf/2_1.pdf)）

ら 2013 年にかけて，原油価格が上昇し，さらに 2011 年の東日本大震災後に石油火力発電所が利用されたこと等により，再び 20%を超えるような状況になった．近年は石油消費量の減少や新型コロナウイルス感染症の影響による石油需要の減少から原油輸入価格と原油輸入額の割合は低下したが，新型コロナウイルス感染症からの経済回復に伴うエネルギー需要の急拡大やロシア産原油の禁輸等の要因により，再び原油価格の高騰とそれに伴う原油輸入額の割合の増加が見込まれる．輸入価格の変動と輸入額が輸入全体に占める割合の変動は，石油だけでなく，天然ガスや石炭においても同じような状況である．このように，日本は 1 次エネルギーの多くを化石資源に依存し，さらに化石資源を輸入に依存している現状が，さまざまな問題に繋がっていると言える．

また，エネルギー自給率が低いことも問題として挙げられる．生活や経済活動に必要なエネルギーのうち，自国内で確保できる割合をエネルギー自給率と言う．**図 2.6** に日本のエネルギー自給率の推移を示す．1960 年度には，石炭や水力等の国内資源によりエネルギー自給率は 58.1%あったが，その後，高度経

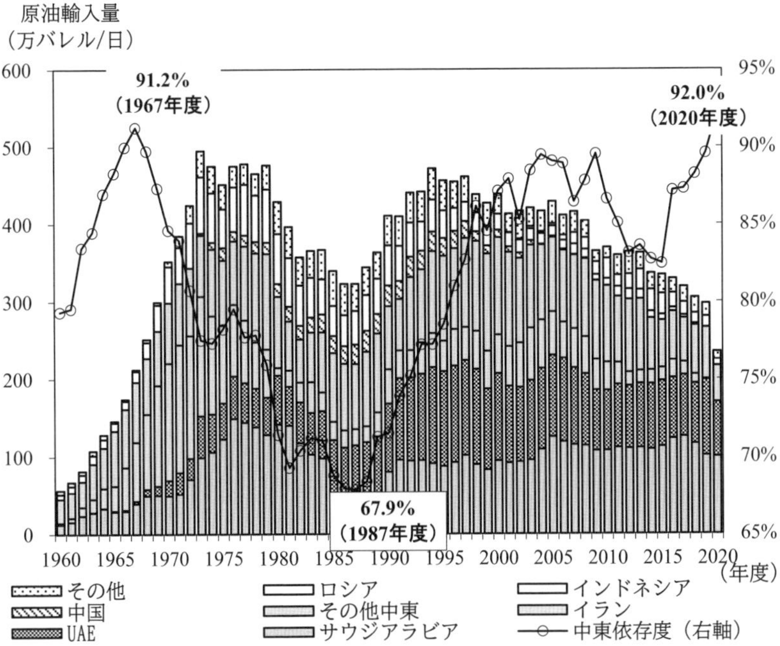

（経済産業省「資源・エネルギー統計年報・月報」より）

図 2.4 原油の輸入量と中東依存度の推移

（出典 資源エネルギー庁，令和 3 年度エネルギーに関する年次報告（エネルギー白書 2022）p83：(https://www.enecho.meti.go.jp/about/whitepaper/2022/pdf/2_1.pdf)）

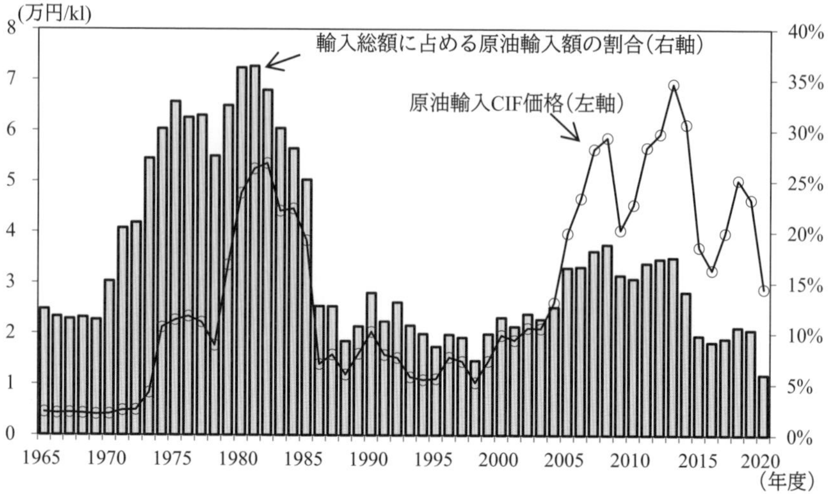

（財務省「日本貿易統計」より）

図 2.5　原油の輸入価格と原油輸入額が輸入全体に占める割合

（出典　資源エネルギー庁，令和 3 年度エネルギーに関する年次報告（エネルギー白書 2022） p84：(https://www.enecho.meti.go.jp/about/whitepaper/2022/pdf/2_1.pdf)）

済成長期におけるエネルギー需要の増加とともに，エネルギーの中心が石炭から石油に変わってゆく過程でエネルギー自給率は大きく低下した．1973 年の第 1 次オイルショック後は，原子力の割合が増加したことにより，エネルギー自給率は改善し，2010 年度には 20.1%となった．原子力の燃料となるウランは，1 度輸入すると数年間使用できることから，国際エネルギー機関（IEA）では，原子力を準国産エネルギーと位置付けている．しかし，2011 年に発生した東日本大震災の影響により，原子力発電が減少し，2014 年には原子力発電量がゼロになったこともあり，エネルギー自給率は，過去最低の 6.3%になったが，その後は再生可能エネルギーの導入や原子力発電所の再稼働により，わずかに改善してきている．しかし，現在の日本のエネルギー自給率は他の OECD 諸国と比べてかなり低い水準であり，日常生活や社会活動を維持してゆくために欠かせないエネルギーの安定確保のためにも，エネルギー自給率の向上は我が国にとって非常に重要な課題である．

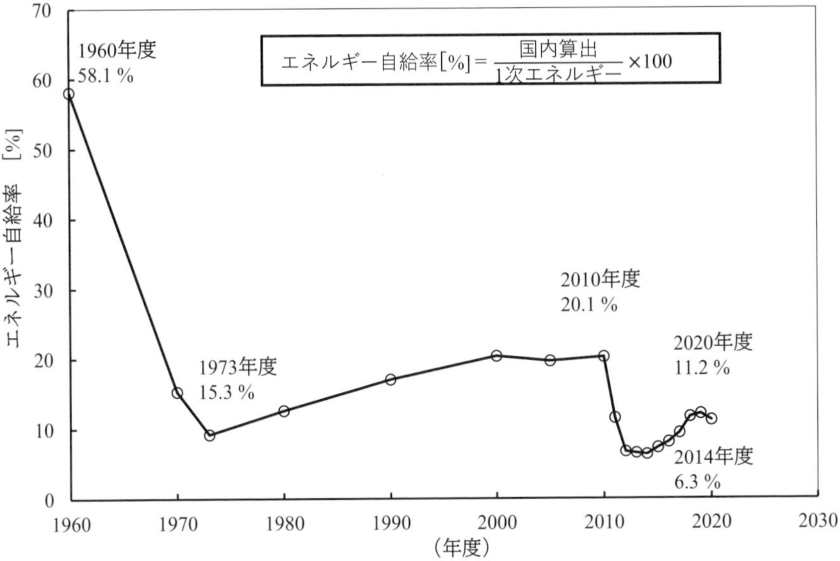

図 2.6　日本のエネルギー自給率の推移

（出典　資源エネルギー庁，令和 3 年度エネルギーに関する年次報告（エネルギー白書 2021）p88：(https://www.enecho.meti.go.jp/about/whitepaper/2021/pdf/2_1.pdf)）

2.2　世界のエネルギー事情

地域別の世界のエネルギー消費量（1 次エネルギー）の推移を**図 2.7** に示す．国内のエネルギー消費量は近年減少傾向であるのに対して，世界のエネルギー消費量は，経済成長とともに増加し続けており，特に，アジア大洋州地域で消費量の増加が大きい．2020 年に関しては新型コロナウイルス感染症の影響で少し減少した．一方，世界のエネルギー消費量に占める先進国（OECD 諸国）の割合は，1965 年の 70.6%から 2020 年には 39.0%と大幅に低下している．先進国では，経済成長率，人口増加率が途上国と比べて低いことや，省エネルギー化が進行しているためである．

次にエネルギー源別の世界のエネルギー消費量の推移（1 次エネルギー消費量）を**図 2.8** に示す．2020 年におけるエネルギー消費量（1 次エネルギー）は石炭，石油，ガスの化石資源が全体の 83.1%を占め，化石資源への依存度が高

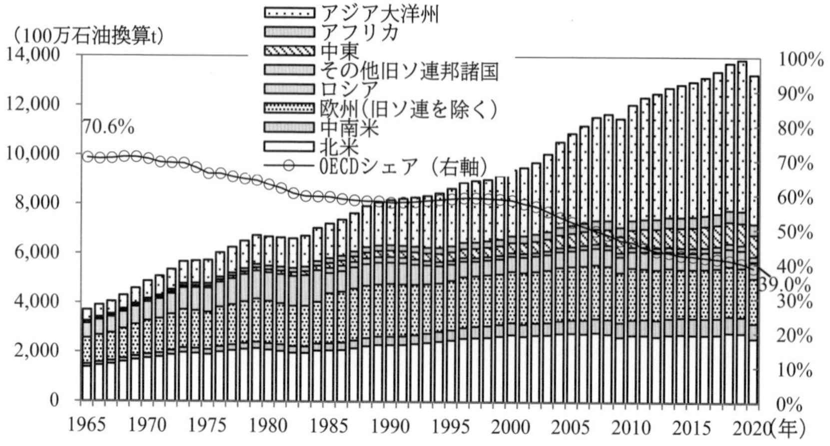

（注）1984年までのロシアには，その他旧ソ連邦諸国を含む．

（注）1985年以降の欧州には，バルト3国を含む．

（BP 「Statistical Review of World Energy 2021」より）

図 2.7　世界のエネルギー消費量の推移（地域別，1 次エネルギー）

（出典　資源エネルギー庁，令和 3 年度エネルギーに関する年次報告（エネルギー白書 2022）p113：(https://www.enecho.meti.go.jp/about/whitepaper/2022/pdf/2_1.pdf)）

いことがわかる．

世界的に見ても，エネルギーを化石資源に依存する傾向が高いが，化石資源への依存度の高さは，二酸化炭素の排出による地球温暖化の問題だけでなく，持続可能性の点でも問題があると言える．

図 2.9 に世界の原油，石炭，天然ガスの確認可採埋蔵量と可採年数を示す．確認可採埋蔵量とは，資源の所在が明らかであり，現在の技術で採掘でき，その採掘が経済的に見合うという条件を満たす埋蔵量[1)]のことである．また，可採年数とは，ある年の確認可採埋蔵量（R：reserve）を，その年の生産量（P：production）で割った値（R/P）のことである．2020 年末の原油，石炭，天然ガスの可採年数はそれぞれ 53.5 年，139.2 年，48.8 年である．可採年数は，現在の生産量を続けると各資源が後何年使用できるかという数値であり，原油と天然ガスは後 50 年ほどで使用できなくなるという計算であるが，たとえば，原油

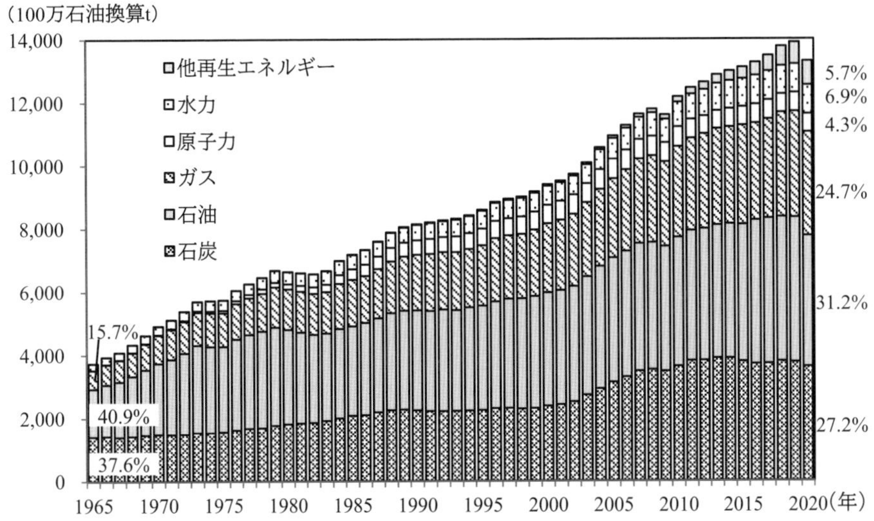

図 2.8 世界のエネルギー消費量の推移（エネルギー源別，1 次エネルギー）

（出典 資源エネルギー庁，令和 3 年度エネルギーに関する年次報告（エネルギー白書 2022）p114：(https://www.enecho.meti.go.jp/about/whitepaper/2022/pdf/2_1.pdf)）

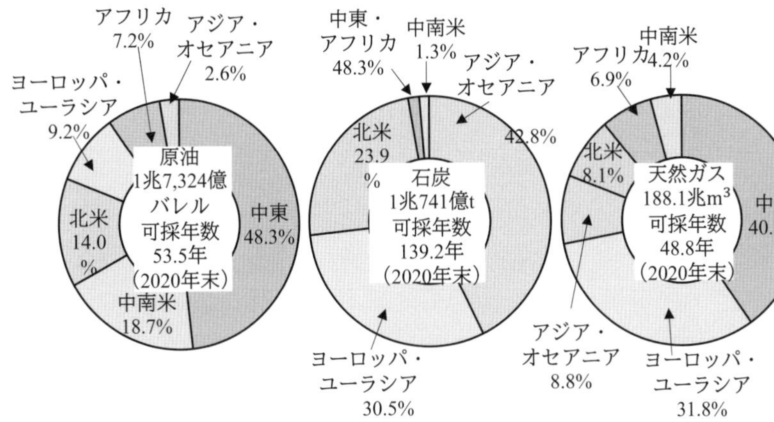

図 2.9 原油，石炭，天然ガスの確認可採埋蔵量と可採年数

（出典 電気事業のデータベース INFOBASE2021：(https://www.fepc.or.jp/library/data/infobase/pdf/2021_e.pdf)）

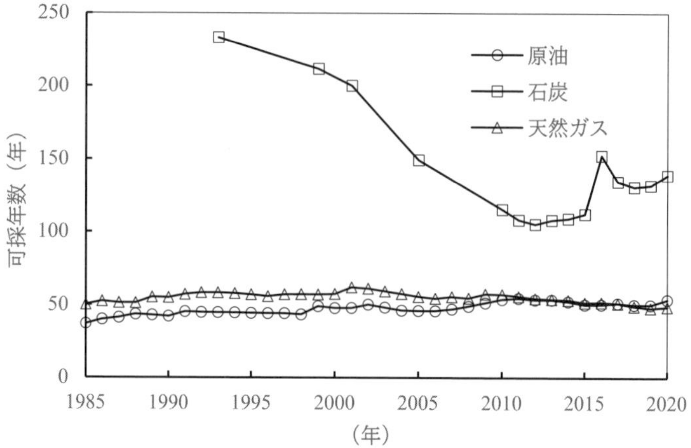

図 2.10　原油，石炭，天然ガスの可採年数の推移

（出典：BP「Statistical Review of World Energy 2002-2022」
および Survey of Energy Resources 2001, 2013）

の可採年数は，**図 2.10** に示すように 1985 年に約 40 年であったが，その後 35 年経過した 2020 年では約 50 年になり，減少するどころかわずかに増加している傾向である．この理由は，可採年数を計算するために用いられる確認可採埋蔵量と生産量の推移が同じように推移しているためである．

図 2.11 に原油の確認可採埋蔵量と生産量の推移を示す．1985 年から 2020 年の原油の確認可採埋蔵量も生産量も同じように増加している傾向であり，どちらかと言うと生産量の増加率に比べて確認可採埋蔵量の増加率が大きかったために，可採年数はこの 35 年の間にわずかに増加した．天然ガスについても原油と同様に，可採年数はこの 35 年間でほとんど変わっていない（**図 2.10** と **2.12**）．

一方，石炭については，1993 年の時点で約 230 年の可採年数であったが，その後 10 年ほどで 100 年以上可採年数が減少し，2012 年には可採年数が約 110 年になった．その後は，また増加傾向となりこの 10 年ほどで石炭の可採年数は約 30 年増加した．石炭の生産量の推移を**図 2.13** に示す．石炭の生産量は，2000 年頃から 2012 年頃までの間で急激に増加した．2000 年の世界の石炭生産量は 46.4 億 t で，2012 年は 79.4 億 t と 12 年間のうちに石炭生産量は 1.7 倍

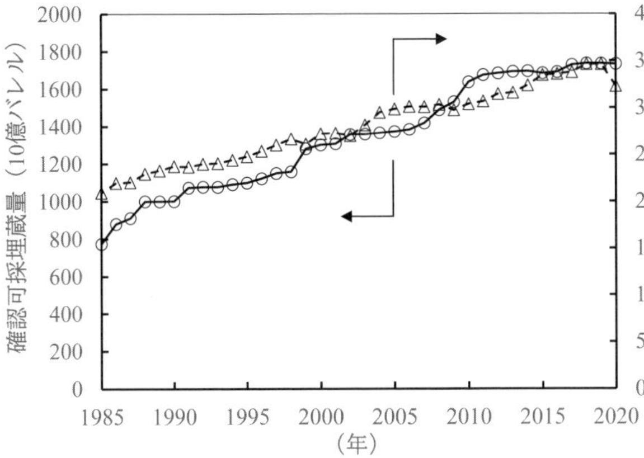

図 2.11 原油の確認可採埋蔵量と生産量の推移

（出典：BP「Statistical Review of World Energy 2022」）

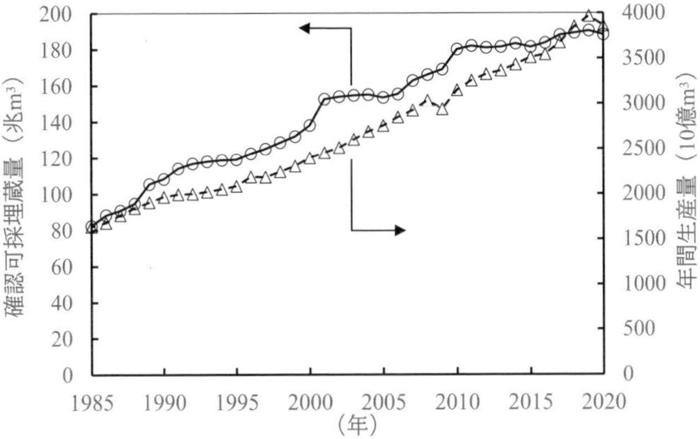

図 2.12 天然ガスの確認可採埋蔵量と生産量の推移

（出典：BP「Statistical Review of World Energy 2022」）

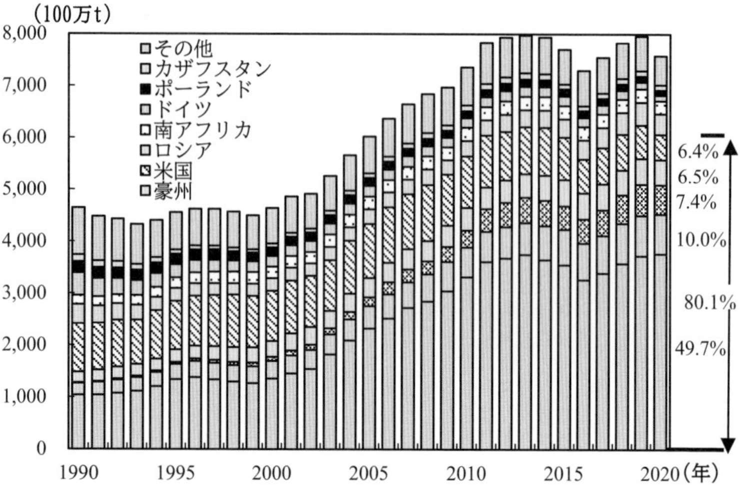

(注) 2020年データは見込み値.
(IEA「Coal Information 2021」より)

図 2.13　世界の石炭生産量の推移（国別）

（出典　資源エネルギー庁，令和 3 年度エネルギーに関する年次報告（エネルギー白書 2022） p127：(https://www.enecho.meti.go.jp/about/whitepaper/2022/pdf/2_1.pdf)）

に増加した．一方，1993 年の確認可採埋蔵量は 10,316 億 t であったのに対し 2020 年は 10,741 億 t とほとんど変化していない状態であったことが，石炭の可採年数が急激に減少した理由である．このように可採年数は，実際に化石資源が使用できなくなるまでの年数を示しているわけではない．これまで説明したように化石資源の可採年数は，確認可採埋蔵量と生産量により変化する．埋蔵量のイメージを**図 2.14** に示す．たとえば，確認可採埋蔵量は，新たに油田等が発見されることにより増加するが，採掘技術の進歩や化石資源価格の上昇によっても増加する．一方，原油やガス田の新たな発見は年々減少傾向にある．

図 2.15 に 2010 年から 2019 年における石油とガス発見量の推移を示す．石油とガスの発見は減少傾向にあり，2019 年の石油とガスの発見は 2010 年の半分以下となっている状況である．

国内だけでなく世界的にもエネルギーの化石資源への依存度が高い状況であり，後 50 年で原油や天然ガスがなくならないとしても，我々は永久にこれら

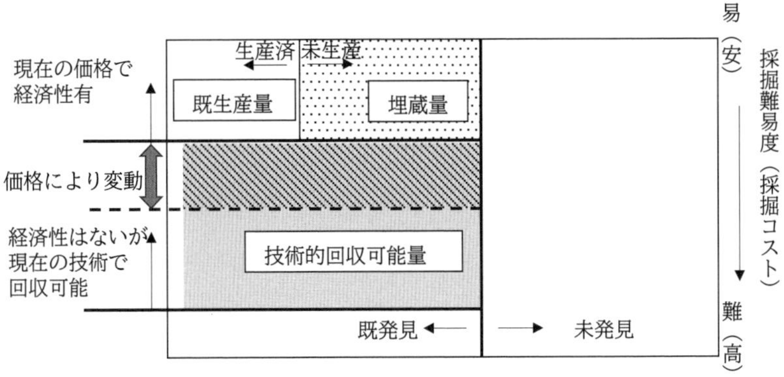

図 2.14　原油等の埋蔵量のイメージ

（出典　天然ガス・LNG をめぐる世界の状況，地理・地図資料 2015 年度 3 学期号：(https://www.teikokushoin.co.jp/journals/geography/pdf/201503g/04_hsggbl_2015_03g_p07_p10.pdf)）

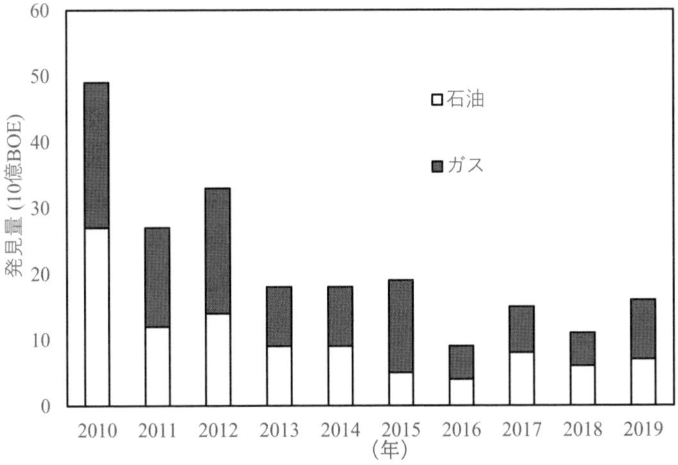

図 2.15　2010～2019 年の石油ガス発見

（出典　World Energy Investment 2020：(https://iea.blob.core.windows.net/assets/ef8ffa01-9958-49f5-9b3b-7842e30f6177/WEI2020.pdf)）

の化石資源を使用できるわけではないと予想される．今後，化石資源への依存からの脱却が重要な課題となっている．

参考文献

1) 原子力百科事典 ATOMICA: (https://atomica.jaea.go.jp/dic/detail/dic_detail_2554.html)
2) 資源エネルギー庁，令和3年度エネルギーに関する年次報告（エネルギー白書2022）

第3章　エネルギー資源

3.1　石　　炭

約 3 億年から数千万年前の植物が堆積して地中に埋没し，泥炭化と石炭化により石炭が生成したとされている（**図 3.1**）．石炭は安価であり，また，資源の豊富さのためにエネルギー資源として広く利用されているが，硫黄，窒素，灰分等が多く単位質量あたりの発熱量が低いという欠点がある．

石炭の生成過程における泥炭化では，堆積した植物が砂や泥等に覆われ空気が遮断されると，微生物により分解され，腐植物となり泥炭が生成する．また，石炭化の過程では，泥炭化により生成した泥炭がさらに地中深くに埋没すると，地圧や地熱により脱水，脱炭酸，脱メタン反応が進行し石炭へと変化する．石炭化の過程において炭素濃度が増加し石炭の色は褐色から黒色に変化する．

石炭は，18 世紀の産業革命において，蒸気機関の燃料として使われるようになった．しかし，19 世紀の終わりには内燃機関の燃料として，石油が使わ

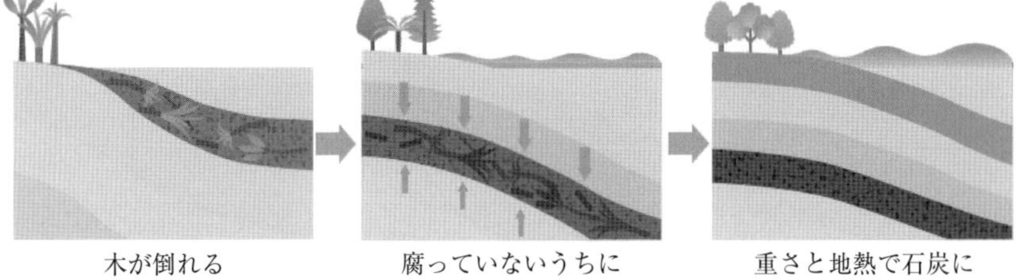

図 3.1　石炭の生成過程

（出典　一般財団法人　石炭フロンティア機構 HP，石炭関連技術の概要　第 1 章 石炭とは　炭層の成員と分類：(http://www.jcoal.or.jp/1-2.pdf)）

れるようになったことから，エネルギー資源の主役が石炭から石油へと変わっていった．現在，石炭は，埋蔵量が豊富であること，産出地が世界中に分布しており，価格も石油に比べて安価であること等の理由から，再び有力なエネルギー資源として活用されるようになった．

世界のエネルギー消費量（**図 2.8**）の推移を見てみると，1965 年の世界のエネルギー消費量の内訳は，石油が 40.9%，石炭が 37.6%とわずかに石油の割合が多い程度であったが，1980 年には，石油の割合が 45.0%まで増加し，逆に石炭の割合は 27.3%に減少した．しかしその後，2000 年には，石油の割合が 38.2%と 1980 年に比べ減少し，石炭の割合も 25.4%に減少した．2020 年時点では，石油の割合は 2000 年に比べさらに減少し，31.2%となったが，石炭の割合は 2000 年に比べ少し増加し 27.2%となっている．

3.1.1　石炭の分類

石炭の分類は，石炭化度による分類，用途による分類等がある．石炭化度による分類では，無煙炭 (Anthracite)，瀝青炭（Bituminous coal），亜瀝青炭（Subbituminous coal），褐炭（Brown coal, Lignite），泥炭（Peat）に分類され，石炭化度は，無煙炭が最も高く，泥炭が最も低い．また，日本では一般に無煙炭から褐炭までを石炭と呼んでいる．一方，日本工業規格 JIS M1002[1)] においては，発熱量，燃料比から**表 3.1** のように分類されている．燃焼のしやすさを示す因子である燃料比は，揮発分に対する固定炭素の比率であり，一般に石炭化が進行すると固定炭素は増加し，逆に揮発分は減少するため，石炭化の進行により燃料比は増加する．ここで固定炭素とは，工業分析において，水分，揮発分，灰分を除いたものであり，燃焼性が悪く，燃焼後に未燃分として残りやすい成分である．一方，揮発分とは，空気との接触を絶って 900°C で 7 分間加熱したときの質量減少から水分を差し引いた値であり，燃焼しやすい成分である．また，JIS による石炭の分類の中に示されている粘結性とは，石炭を乾留（空気を遮断して高温で加熱）したときに軟化溶融状態において観測される粘着性，流動性，膨張性等の性質の総称である．粘着性は，石炭を乾留したときに，軟化溶融し，融着結合する性質のことであり，粘着性はコークスができる性質であるコークス化性に影響する．

表 3.1　JIS による石炭分類 (JIS M1002)

分類		発熱量 （補正無水無灰基） [kcal/kg] {kJ/kg}	燃料比	粘結性	備考
炭質	区分				
無煙炭 (A)	A_1 A_2		4.0 以上	非粘結	 火山岩の作用で 生じたせん石
瀝青炭 (B, C)	B_1 B_2	[8,400 以上] {35,160 以上}	1.5 以上 1.5 未満	強粘結	
	C	[8,100 以上 8,400 未満] {33,910 以上 35,160 未満}	—	粘結	
亜瀝青炭 (D, E)	D	[7,800 以上 8,100 未満] {32,560 以上 33,910 未満}	—	弱粘結	
	E	[7,300 以上 8,100 未満] {30,560 以上 32,650 未満}	—	非粘結	
褐炭 (F)	F_1	[6,800 以上 7,300 未満] {29,470 以上 30,560 未満}	—	非粘結	
	F_2	[5,800 以上 6,800 未満] {24,280 以上 29,470 未満}	—		

（出典：日本工業規格　JIS M1002　炭量計算基準）

石炭を用途から分類すると，原料炭と一般炭に分けられる．原料炭は，粘結性が高くコークス製造原料（コークス用炭）に用いられる．一方，発電，セメント製造の燃料等に用いられるものを一般炭と言う．

3.1.2　石炭の組成・成分

石炭は，炭素，水素，酸素，硫黄，窒素等を主成分とする**図 3.2** に示すような不規則な分子構造の高分子である．石炭の組成は，産地等により異なるが，石炭組成の例を**表 3.2** に示す．

表 3.2　石炭の組成例

成分	[wt.%]
炭素 (C)	65～80
水素 (H)	4～6
酸素 (O)	7～15
硫黄 (S)	0.3～1.0
窒素 (N)	1～2
灰分	7～16

石炭を乾留することにより，気体成分（石炭ガス），液体成分（コールタール），固体成分（コークス）が得られる．気体成分である石炭ガスには，水素，一酸化炭素，メタン等が含まれており，かつては都市ガスと

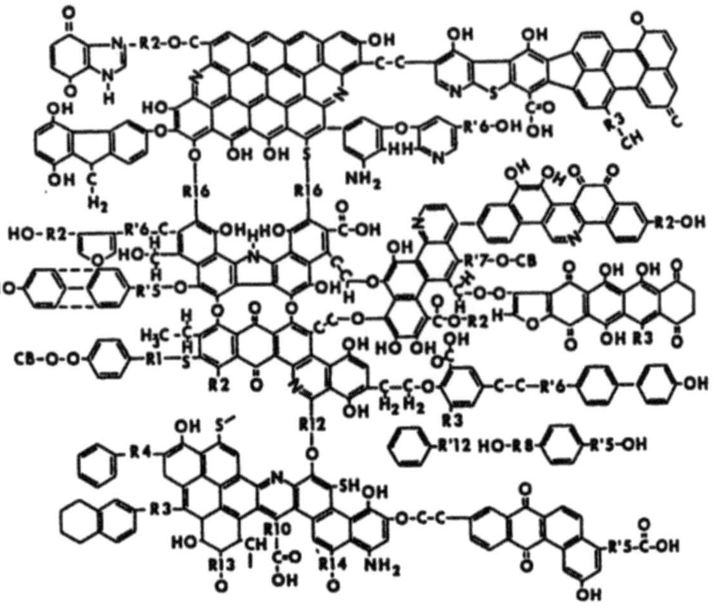

図 3.2　石炭の化学構造（仮説）

（出典：坂輪光弘，石炭化学構造研究の展開，鉄と鋼，82(5)347-352(1996)）

して利用されていた．また，石炭ガスを原料として，次式のように水素と一酸化炭素の反応からメタノールを合成することができる．

$$2H_2 + CO \rightarrow CH_3OH$$

石炭の乾留により得られる液体成分であるコールタールは，黒色で油状の液体で，主に多環芳香族炭化水素からなり，ナフタレン，ベンゼン，フェノール，ベンゾ [a] ピレン等を含有し，塗料や医薬品等の化学原料として使われる．石炭の乾留により得られる固体成分であるコークスは，炭素を主成分とする固体であり，燃料や製鉄における鉄鉱石の還元剤として使われる．

3.1.3　石炭の利用

石炭をエネルギー源として利用するとき，一般的にはボイラ等の燃焼炉の熱源として利用される．石炭火力発電所等では，**図 3.3** に示すようにボイラ用の

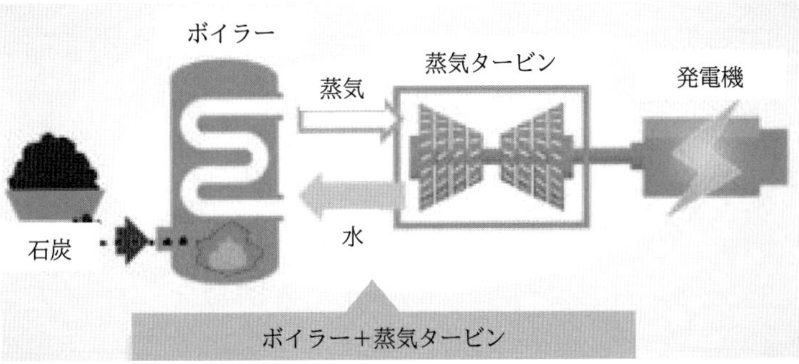

図 3.3　一般的な火力発電の原理

（出典　勿来 IGCC パワー合同会社 HP：(http://www.nakoso-igcc.co.jp/about-igcc/igcc-system/)）

表 3.3　石炭火力発電の種類

発電方式	亜臨界圧 (SUB-C)	超臨界圧 (SC)	超々臨界圧 (USC)
発電効率	38% 以下	38～40% 程度	41～43% 程度
圧力温度	221 bar 以下	221 bar を超えるもの	221 bar を超えるもの 593°C 以上

1 bar ≒ 1 気圧

（出典　資源エネルギー庁 HP，非効率石炭火力発電をどうする？フェードアウトへ向けた取り組み：(https://www.enecho.meti.go.jp/about/special/johoteikyo/hikouritu_sekitankaryoku.html)）

燃料として石炭を燃焼して水蒸気を発生させ，蒸気タービンを用いて発電する．

表 3.3 に示すように水蒸気の温度や圧力により，発電効率が異なり，亜臨界圧（SUB-C），超臨界圧（SC），超々臨界圧（USC）の方式がある．現在の日本では，高効率の超々臨界圧（USC）が石炭火力の主流となっている．

また，近年では従来の石炭火力発電におけるボイラを用いた発電よりも高効率（発電効率が 46～50%）の石炭ガス化複合発電（IGCC）のような方法（**図 3.4**）も開発されている．石炭ガス化複合発電は，ガス化炉で石炭をガス化して

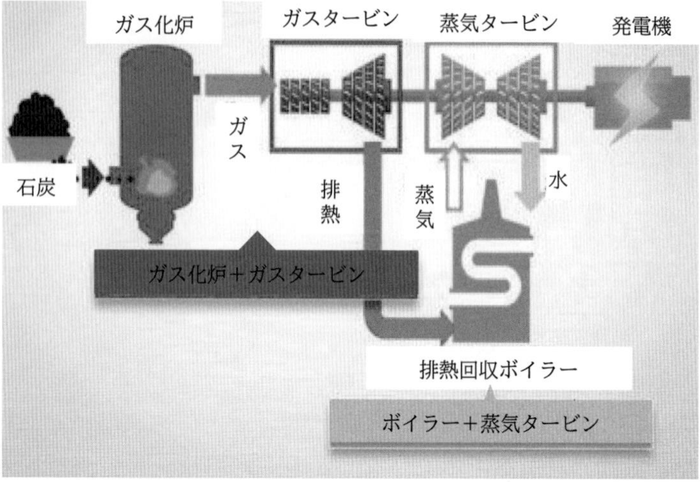

図 3.4　石炭ガス化複合発電 (IGCC) の原理

（出典　勿来 IGCC パワー合同会社 HP：(http://www.nakoso-igcc.co.jp/about-igcc/igcc-system/)）

生成した燃料ガスをガスタービンに供給して燃焼させることによりガスタービンを駆動し，発電するとともに，ガスタービンの排熱を回収して蒸気タービンでも発電する方法であり，福島県の広野町等では，商用運転も開始されている．さらに，石炭ガス化複合発電に，燃料電池を組み合わせた石炭ガス化燃料電池複合発電（IGFC）のような発電効率 55%程度の高効率な発電方式も開発が進められている．石炭火力発電は二酸化炭素等の温室効果ガス排出量が多いことから，環境負荷低減のためには，高効率な石炭火力発電への転換と非効率な石炭火力発電のフェードアウトが推進される必要があり，令和 3 年 10 月に閣議決定された第 6 次エネルギー基本計画にも明記されている．

一方，石炭をガス化し，都市ガスのような燃料ガス，化学合成用のガスとして用いる石炭の利用もある．

3.2　石　　油

石油は，約 2 億年～数千万年前のプランクトン等の生物の遺骸が海底に堆積した後，ケロジェンを経て生成したという説（ケロジェン起源説）が有力である．ケロジェンは，堆積岩中に存在する有機溶媒，酸，アルカリに不溶の有機物のことであり，生物の遺骸が堆積してゆく過程で生物を構成する高分子有機化合物が，分解等の反応によりケロジェンに変化し，さらにケロジェンは長い年月をかけて地熱によって熱分解され，石油が生成したとされている．

石油は，液体であるため可搬性や貯蔵性に優れており，発熱量が高いという特徴を有している．石油は，エネルギー源としてだけでなく，化学原料としても世界的に広く使われている．

3.2.1　石油の組成

油井から採取されたままの石油を原油と呼ぶ．原産地，生成年代，採油地層等によって原油の性質や組成は大きく異なるが，原油は，一般に**表 3.4** に示すような元素組成である．

表 3.4　原油の組成

成分	[wt.%]
炭素 (C)	83〜87
水素 (H)	11〜14
酸素 (O)	0.5 以下
硫黄 (S)	5.0 以下
窒素 (N)	0.4 以下
金属	0.5 以下

石油の主成分は，炭化水素であり，その他に微量の硫黄，窒素，酸素，金属等を含む．石油に含まれる炭化水素は，パラフィン系炭化水素，オレフィン系炭化水素，ナフテン系炭化水素，芳香族系炭化水素に大別される．

パラフィン系炭化水素は，一般式 C_nH_{2n+2} で表される飽和鎖状化合物（アルカン）であり，**図 3.5(a), (b)** に示すペンタンやイソペンタンのように直鎖状のノルマルパラフィンと分岐構造のイソパラフィンがある．

オレフィン系炭化水素は，一般的に原油中には存在せず，石油精製における化学処理等によって生成する．オレフィン系炭化水素は，**図 3.5(c)** に示すブチレンのような二重結合を有する不飽和鎖状化合物（アルケン）であり，二重結合が 1 個の場合は，一般式 C_nH_{2n} で表される．

ナフテン系炭化水素は，**図 3.5(d), (e)** に示すシクロペンタンやシクロヘキサンのような飽和環（ナフテン環）を有する炭化水素であり，一般式 C_nH_{2n} で表される．

芳香族系炭化水素は，**図 3.5(f), (g)** に示すベンゼンやナフタレンのようなベ

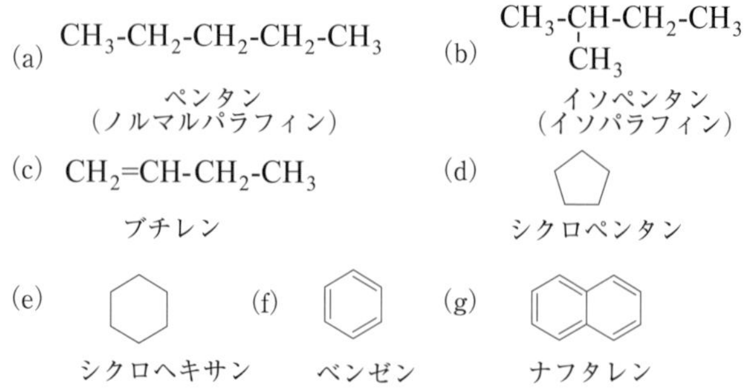

図 3.5　炭化水素の基本構造

ンゼン環を有する炭化水素である.

一般的に軽質留分にはパラフィン系炭化水素が多く，重質留分になるほど芳香族系炭化水素の割合が増加する傾向にある.

また，石油中には，炭化水素の他にも硫黄，窒素，酸素を含む有機化合物が含まれている．硫黄化合物としては，メルカプタン（R-SH）(R はアルキル基（C_nH_{2n+1}）を表す)，ジアルキルスルフィド（R-S-R）の他に，**図 3.6(a), (b)** に示すチオフェンやベンゾチオフェン等が含まれており，また，無機硫黄化合物として硫化水素（H_2S）が含まれている．窒素化合物としては，**図 3.6(c)〜(f)** に示すピロール，ピリジン，キノリン，インドール等が含まれている．酸素化合物としては，**図 3.6(g), (h)** に示すナフテン環をもつ環状飽和脂肪酸のナフテン酸の他，フェノール類等が含まれている.

その他，含まれる金属化合物は，原油によって異なるが，原油中にバナジウム，ニッケル，鉄等の約 30 種の金属元素が，数 mg/kg から数十 mg/kg の濃度で含まれている.

3.2.2　原油の種類と性状

原油の主成分は炭化水素であるが，産出地域，化学的性状，物理的性状等により分類される．産出地域から中東原油やインドネシア原油等，また産出される油田からカフジ原油やミナス原油等のように分類されることがある.

化学的性状による分類では，硫黄分の含有量による分類があり，硫黄化合物

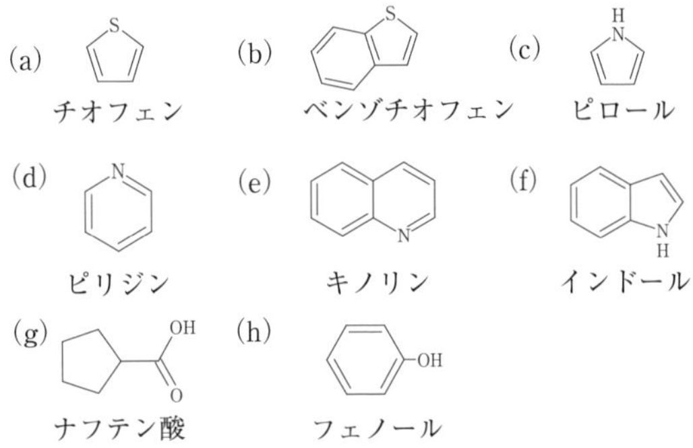

図 3.6　非炭化水素成分の構造

が少ないものをスイート原油，硫黄化合物が多いもの（硫化水素が 0.04 [mol %] 以上）をサワー原油と呼ぶ．一方，原油に含まれる炭化水素の種類により分類されることがある．パラフィン系炭化水素を多く含む原油をパラフィン基原油，ナフテン系炭化水素を多く含む原油をナフテン基原油と呼ぶ．また，パラフィン基原油とナフテン基原油の中間的性質を有する原油を混合基原油と呼ぶ．さらに，芳香族系炭化水素を多く含む原油を芳香族基原油と呼ぶ．

物理的性状による分類では，通常比重を基準として分類される．国産の原油の場合，比重（15/4°C）により分類され，外国産の原油の場合，*API* 度により分類されることが多い．比重による原油の分類を**表 3.5** に示す．国産の原油の分類で用いられる比重（15/4°C）は，通常，15°C の原油と 4°C の水の単位体積当たりの質量の比を用いる．一方，外国産の原油の分類に用いられる *API* 度は，アメリカ石油協会（American Petroleum Institute）で制定した比重の表示方法であり，石油類の比重表示方法として用いられ，比重（60/60°F）との関係は次式で示される．

$$API = \frac{141.5}{S_{60}} - 131.5$$

ここで，S_{60} は比重（60/60°F）のことであり，15.56°C（60°F）における原油と水の単位体積当たりの質量比である．*API* 度が大きくなるほど比重 S_{60} は小さくなり *API* が 29，31，33 のときそれぞれ該当する比重 S_{60} は 0.882，0.871，0.860 である．

表 3.5　比重による原油の分類

分類	比重 (15/4°C) （国産原油の場合）	*API* 度 （外国産原油の場合）
特軽質原油	0.8017 未満	39.00 以上
軽質原油	0.8017〜0.829	38.99〜34.00
中質原油	0.830〜0.903	33.99〜30.00
重質原油	0.904〜0.965	29.99〜26.00
特重質原油	0.966 以上	26.00 未満

（出典　ENEOS ホールディングス HP　石油便覧：
(https://www.eneos.co.jp/binran/part01/chapter01/section01.html#anc02)）

3.2.3　石油製品の種類

石油製品は，用途に応じた多種の製品があるが，代表的なものとして，液化石油ガス（LPG: Liquefied Petroleum Gas），ガソリン，ナフサ，灯油，ジェット燃料，軽油，重油，潤滑油等がある．

液化石油ガスは，加圧すると常温で液化する石油ガスであり，プロパン，ブタン，ブチレン等を主成分としている．液化石油ガスは，家庭用，工業用，自動車用等の燃料，石油化学用の原料等に用いられる．ガソリンは自動車用の燃料に用いられる．ナフサは粗製ガソリンとも呼ばれ，石油化学原料，都市ガス原料，ボイラ燃料等として用いられる．灯油は，家庭用，石油発動機用，溶剤，機械洗浄用等に用いられる．ジェット燃料は，航空機のジェットエンジン用燃料として用いられる．軽油はディーゼルエンジン用，暖房用燃料として用いられる．重油は，動粘度によりさらに A 重油，B 重油，C 重油に分類される．A 重油は最も動粘度が小さく，中小工場ボイラ用，小型船舶用，暖房用等に用いられる．B 重油は中小工場ボイラ用，窯業用燃料等に用いられる．最も動粘度の大きな C 重油は電力，化学，紙パルプ工業等のボイラ用，外航船舶用等に用いられる．潤滑油には，内燃機油や機械油等の製品がある．この他にも，アスファルトやワックス等も石油製品である．

3.2.4　石油の精製法

原油を精製することにより石油製品が製造される．石油精製法の基本は蒸留

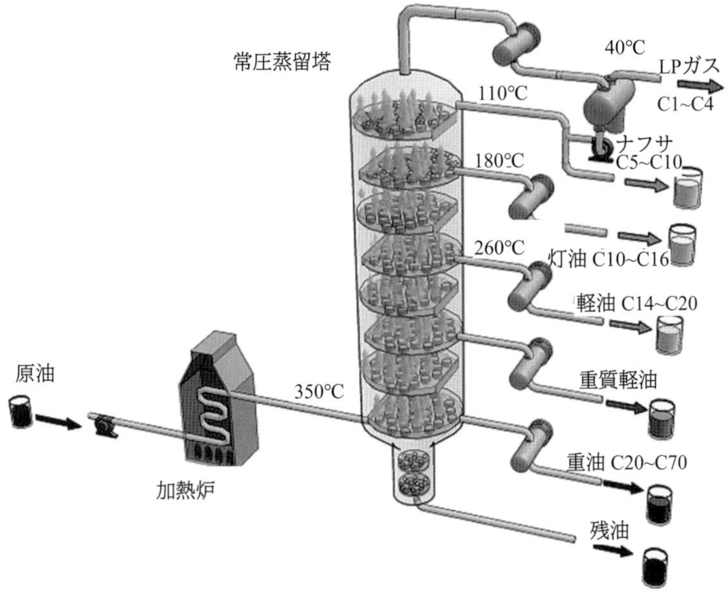

図 3.7　常圧蒸留装置

（出典　化学工学会　Web 版化学プロセス集成：(https://scej.org/education/crude.html)）

である．また，蒸留の他にも精密蒸留，抽出，晶析，吸着，膜分離等の物理的操作や水素化，接触改質，接触分解等の化学的処理を経てさまざまな石油製品が製造される．

原油の蒸留では，**図 3.7** に示したような多段式蒸留塔を用いた常圧蒸留によって沸点の順に石油ガス（LPG）から重油等に分離される．沸点 350°C 以上の残油を，さらに減圧蒸留することにより潤滑油原料，アスファルト等が分離される．

化学的な処理としては，まず水素化反応が挙げられる．水素化反応では，石油製品の高品質化等のために触媒を用いて水素雰囲気下，250〜400°C，30〜150 気圧の条件で水素化反応させることにより，原油中の硫黄分，窒素分，酸素分が除去される．水素化反応の例を**図 3.8** に示す．スルフィド類，ジスルフィド類，チオフェン類等は水素化反応により炭化水素と硫化水素に分解され，硫

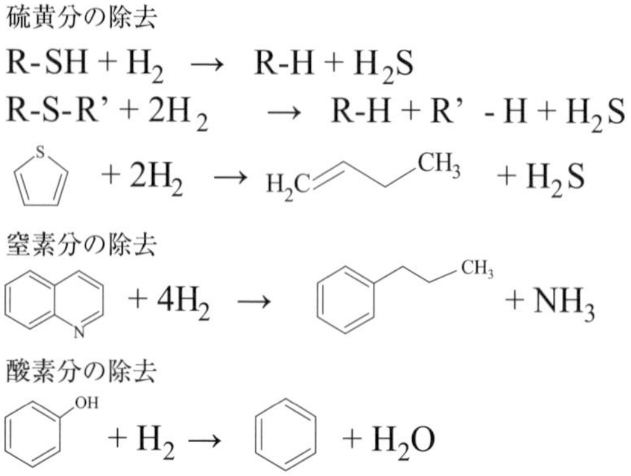

図 3.8　水素化反応の例

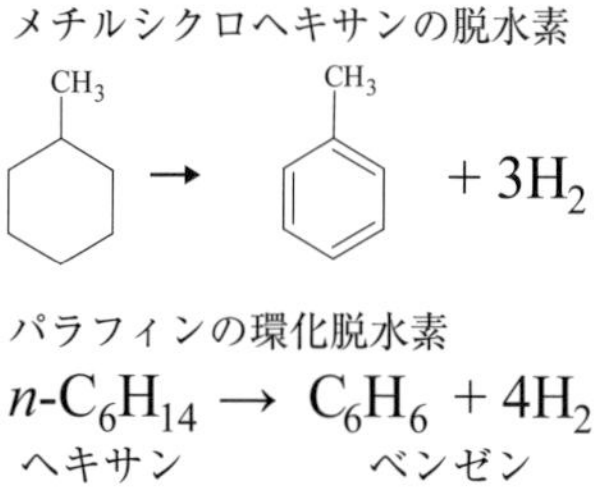

図 3.9　接触反応の例

黄分が除かれる．同様に，窒素分は分解してアンモニア，酸素分は水を生じる．

接触改質（リフォーミング）反応は，ナフサ（ガソリン）留分から高オクタン価ガソリン（改質ガソリン）やベンゼン，トルエン，キシレン等の芳香族系石油原料を製造するプロセスで用いられる反応である．触媒を用いて水素雰囲気下，500〜550°C，5〜20 気圧の条件で反応させることにより，パラフィンの脱水素，環化，異性化等の**図 3.9** に示すような反応が起きる．

接触分解（クラッキング）反応は，ガソリンの増産や高オクタン価ガソリンを製造するために 550〜600°C，常圧の条件で触媒を用いて重質軽油分を分解する反応であり，炭化水素の C-C 結合の切断が主である．

● コラム　オクタン価

自動車等のガソリンエンジンでは，異常燃焼による急激な圧力上昇のためにピストンヘッドを激しくたたく現象を生じることがあり，これをノッキングと言う．

オクタン価は，ガソリンのアンチノック性（耐爆性）を示す尺度であり，0～100 の数値で表され，オクタン価が大きいほどノッキングが起きにくいことを示している．ガソリン成分の中で最もノッキングを起こしやすい *n*-ヘプタンのオクタン価を 0，最もノッキングを起こしにくいイソオクタンのオクタン価を 100 としたとき，試料ガソリンと同等のアンチノック性を示す *n*-ヘプタンとイソオクタンの混合液中のイソオクタンの体積%がオクタン価である．JIS 規格（JIS K2202）により，レギュラーガソリンのオクタン価は 89 以上で，プレミアムガソリンのオクタン価は 96 以上と規定されている．

3.3　天然ガス

天然ガスは，石油油田と同じような地殻構造のガス田から，あるいは原油に随伴して産出される．天然ガスは，化石燃料の中では最も水素と炭素の比 (H/C 比）が高く，発熱量当たりの二酸化炭素排出量が少ないため，化石燃料の中では環境負荷が小さい燃料とされている．天然ガスのうち主成分のメタンの他に，特に簡単に液化しやすいプロパン以上の高級炭化水素を多く含むガスを湿性ガスと呼び，メタンを主成分としてプロパン以上の高級炭化水素をほとんど含まないものを乾性ガスと呼ぶ．また液化天然ガス (LNG: Liquefied Natural Gas) は，メタンを主成分とした天然ガスを −162°C に冷却して液化したものである．天然ガスは，液化することで体積を 1/600 程度にまで小さくすることができ，輸送や保管時の効率を高めることができるため，産地からの輸送の際には，液化天然ガス (LNG) としてタンカーで海上輸送される．

● コラム　都市ガスと LP ガス

都市ガスはメタンが主成分であり，天然ガス，液化天然ガス（LNG）が原料

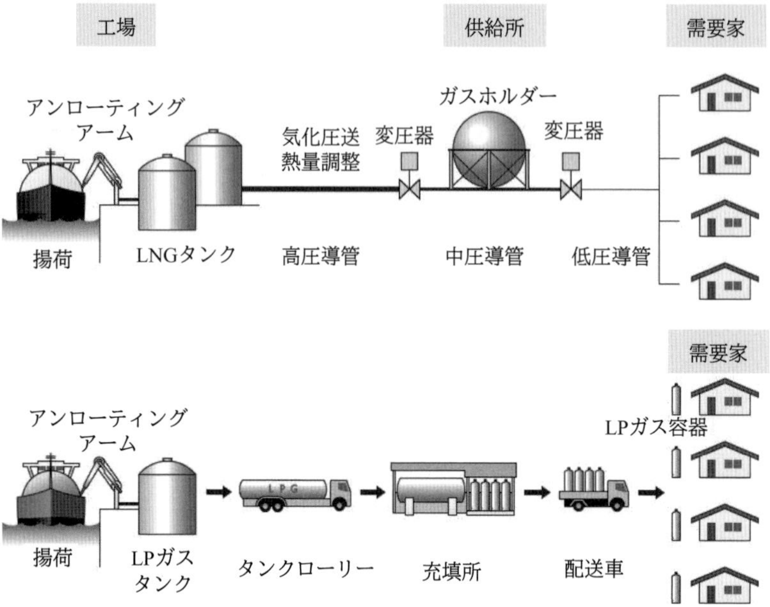

図 3.10　都市ガスと LP ガス

（出典　日本ガス協会 HP：(https://www.gas.or.jp/chigai/)）

として用いられるのに対して，LP ガスは，プロパンやブタンを主成分とした液化石油ガス（LPG）を原料としている．**図 3.10** に示したように，都市ガスは，ガス管を通じて消費者に供給されるが，LP ガスは，ボンベに充填され，消費者に供給される．

例題 3.1

天然ガスは，発熱量当たりの二酸化炭素発生量が，他の化石資源に比べて少ない．天然ガスとガソリンを例に，燃焼時の二酸化炭素排出量を計算し，単位熱量 kJ 当たりの二酸化炭素排出量を比較しなさい．

なお，天然ガスの成分はすべてメタン，ガソリンの成分はすべてオクタンであると考えなさい．ただし，メタンおよびオクタンの高位発熱量は，それぞれ 55.6 kJ/g（メタン），48.0 kJ/g（オクタン），メタン，オクタン，二酸化炭素のモル質量は，それぞれ 16.0 g/mol，114.0 g/mol，44.0 g/mol を用いて計算しなさい．

（解）

天然ガス（メタン）とガソリン（オクタン）の燃焼反応は次式で示される．

$$CH_4(g) + 2O_2(g) \rightarrow CO_2(g) + 2H_2O(l)$$
$$C_8H_{18}(l) + \frac{25}{2}O_2(g) \rightarrow 8CO_2(g) + 9H_2O(l)$$

メタン 1 分子を燃焼すると二酸化炭素が 1 分子排出され，オクタン 1 分子を燃焼すると二酸化炭素は 8 分子排出される．

したがって，メタンおよびオクタンの kJ 当たりの二酸化炭素排出量は，次のように計算される．

メタンからの kJ 当たりの二酸化炭素排出量

$$\frac{1\,[\mathrm{g}]}{16.0\,[\mathrm{g/mol}]} \times 1 \times 44.0\,[\mathrm{g/mol}] \div 55.6\,[\mathrm{kJ/g}] = 0.0495\,[\mathrm{g}]$$

オクタンからの kJ 当たりの二酸化炭素排出量

$$\frac{1\,[\mathrm{g}]}{114.0\,[\mathrm{g/mol}]} \times 8 \times 44.0\,[\mathrm{g/mol}] \div 48.0\,[\mathrm{kJ/g}] = 0.0643\,[\mathrm{g}]$$

したがって，メタンおよびオクタンの単位熱量 kJ 当たりの二酸化炭素排出量は，それぞれ，0.0495 g，0.0643 g となり，二酸化炭素排出量はメタンの方が少なく，天然ガス（メタン）からの二酸化炭素排出量は，ガソリン（オクタン）の 77%と計算される

3.4　シェールオイル，シェールガス，炭層メタンガス

近年，頁岩層に含まれる原油やメタンガスが注目されている．

泥が固まった岩石のうち，薄片状にはがれやすい性質の岩石を頁岩（シェール）と言い，この頁岩層に残留している原油をシェールオイルと呼ぶ．2015 年 9 月の米国エネルギー情報局（EIA）による発表では，世界のシェールオイル可採資源量は 4,189 億バレルと推定されている [2)]．これは，2020 年末の原油の確認可採埋蔵量（1 兆 7,324 億バレル）の約 24%に当たる量である．

また，頁岩層に残留している天然ガスをシェールガスと呼ぶ．2015 年 9 月に更新された米国エネルギー情報局（EIA）の評価調査によると，シェールガスの技術的回収可能資源量は，評価対象国合計で 214.4 兆 m^3 とされており [2)]，これは，2020 年末の天然ガスの確認可採埋蔵量（188.1 兆 m^3）よりも多い量である．

炭層メタンガス（CBM: Coal-Bed Methane）は石炭層に含まれるメタンガスであり，シェールオイルやシェールガスとともに注目されている．しかし，シェールオイル，シェールガス，炭層メタンガスのいずれも化石資源であることに変わりはないため，資源量の問題や二酸化炭素排出の問題は他の化石資源と同じである．

参考文献

1)　日本工業規格　JIS M1002　炭量計算基準
2)　資源エネルギー庁，令和元年度エネルギーに関する年次報告（エネルギー白書 2020）
3)　安井伸郎，エネルギーの科学，三共出版 (2009)
4)　世良力，資源・エネルギー工学要論，東京化学同人（2013）
5)　一般財団法人　石炭フロンティア機構 HP，石炭関連技術の概要　第 1 章　石炭とは
炭層の成員と分類：(http://www.jcoal.or.jp/1-2.pdf)
6)　独立行政法人　製品技術基盤機構 HP，石油とは何か：
(https://www.nite.go.jp/nbrc/industry/other/bioreme2009/knowledge/oil/index.html)
7)　ENEOS ホールディングス HP，石油便覧：
(https://www.eneos.co.jp/binran/part01/chapter01/section01.html#anc02)
8)　菊地英一，射水雄三，瀬川幸一，多田旭男，服部英，新しい触媒化学，三共出版（2013）

第4章　伝熱：熱エネルギーの移動

産業界では金属の溶融といった高温から，凍結保存や冷凍食品製造といった低温まで，さまざまな温度領域を必要としている．その温度領域を一定温度に保つためには，熱エネルギーの供給または除去が必要である．化学反応容器で反応に伴う熱は適切に除去することが必要であり，制御できなければ暴走する可能性すらある．分離手法として一般的な蒸留では，蒸留塔の下部で蒸発に必要な熱を供給し，上部では冷却して低沸点物質を回収している．産業界においては熱の制御は重要である．

暖房・給湯・調理等，一般家庭でもある程度の高温を必要とし，熱エネルギーを消費している．冷蔵庫や冷房では熱エネルギーを除去している．燃料を使用するエンジン等は，運動エネルギーへの変換効率が100%ではなく，多量の熱が発生する．この熱を除去しなければエンジンは過熱し破損する．電気を使用する機器類も同様であり，発生する熱の除去が必要である．使用であれ除去であれ，熱エネルギーの移動の理解は重要である．

4.1　伝熱の種類

4.1.1　伝導伝熱

燃焼により赤く見える場所があり，天板の上にやかんが置いてあったりする，昔ながらの石油ストーブをイメージして欲しい．このストーブの天板に触ると熱い．天板から指へ，高温の物質から低温の物質へと直接熱エネルギーが移動する現象が，伝導伝熱（熱伝導と称することもある）である．金属棒の一端を加熱すると，反対側の端の温度も上がっていく．このような現象で，固体中を熱が移動していることが理解できる．

4.1.2　対流伝熱

ストーブの上部で暖められた空気は上昇していく．それに伴い周囲の空気がストーブに近寄っていき，暖められて上昇する．同じことが鍋に入れた水でも観察できる．鍋底の中央を温めると水はぐるぐると対流し，なべ底で得た熱を上部に運んでいき鍋の中の水全体の温度が上がっていく．このように気体や液体の移動を伴って熱エネルギーが移動する現象が，対流伝熱である．

気体も液体も温度上昇に伴い密度が小さくなる．温度差により生じる密度の差で起こる流れを自然対流といい，それに伴う伝熱を自然対流伝熱と呼ぶ．加熱された面と気体や液体の温度との差にもよるが，流体が熱を運ぶという現象が加わるため，対流伝熱の伝熱量は伝導伝熱のみの場合と比べて数倍から数十倍大きくなる．

ファンで風を送ったり水をかき混ぜ続けたりして，気体や液体の移動を活発にすることが可能である．送風や撹拌による流れを強制対流といい，それに伴う伝熱を強制対流伝熱と呼ぶ．強制的に熱を移動させるため，伝熱量はさらに大きくなる．石油やガスのファンヒーターでは，燃料の燃焼で高温とした部分に風を送り温風を生み出している．強制対流により面積当たりの伝熱量を増やすことで，暖房器具の小型化を図っている．

4.1.3　放射伝熱

ストーブの炎が見える場所は暖かい．気温は同じはずなのに，日陰より日なたは暖かい．これは炎や太陽といった高温の場所から放射された電磁波（主として赤外線）が体表面に吸収されて熱エネルギーとなる現象である．このような電磁波を介した熱の移動が，放射伝熱である．

エネルギーを運ぶのは電磁波であるので，真空中でも放射伝熱は生じる．絶対零度でなければ，すべての物体は温度に応じた量の赤外線を放出している．赤く見えるような高温面からの伝熱が意識しやすいが，室温の物体から極低温への放射伝熱も生じる．雲の無い深夜に地表が冷え込む「放射冷却現象」は，地表から出る赤外線が天空から得る赤外線量を上回るために生じる現象である．

4.2　伝熱の数式化

必要な熱エネルギーを必要な場所に供給するため，損失となる熱を把握するため，伝熱を定量的に記述することは重要である．定量的な記述なくして，設備の設計は不可能である．熱エネルギーの移動は可視化しにくいため感覚的に捉えることは困難であるが，基本的な考え方は理解して欲しい．

4.2.1　伝導伝熱

図 4.1 に示すような面積 A [m^2] で厚さ Δx [m] の板があり，両面に温度差がある場合を考える．熱は高温側 T_H [K] から低温側 T_L [K] に移動する．単位時間当たりの熱の移動量 J [W] は，面積に比例し，厚さに反比例し，温度差に比例する．比例係数を k とすると

$$J = k \cdot A \cdot (T_H - T_L)/\Delta x$$

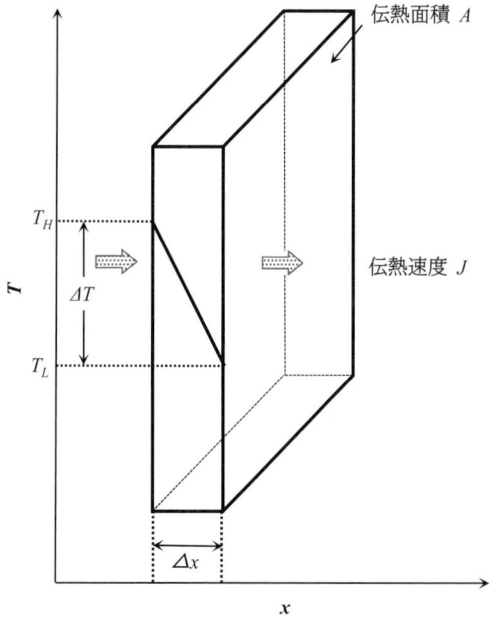

図 4.1　平板内の熱伝導

表 4.1　各種物質の熱伝導度

物質名	温度 [°C]	熱伝導度 [W・m^{-1}・K^{-1}]
金属		
アルミニウム	20	228
鉄(純)	20	72.7
銅(純)	20	386
銀(純)	20	419
金	20	311
一般固体		
普通レンガ	20	0.41
アスファルト(舗装)	20	0.76
乾燥土壌	-	0.14
湿り土壌	-	0.66
コンクリート	20	1.3
ガラス	20	0.97
フェノール樹脂	20	0.233
ゴム	20	0.128
コルク	20	0.038
羊毛(織物)	30	0.05
液体および気体		
水	20	0.602
エチルアルコール	20	0.183
空気	20	0.0257
水素	100	0.214
水蒸気	100	0.0241

ここで $k\,[\mathrm{W \cdot m^{-1} \cdot K^{-1}}]$ を熱伝導度と呼ぶ．k が大きい物質ほど小さな温度差で熱が移動するため，熱を伝えやすい物質だと言える．代表的な物質の熱伝導度を**表 4.1** に示す．金属の熱伝導度は大きく，ガラスやコンクリートは金属と比べると小さい．水は固体と同程度であり，気体の熱伝導度は小さい．気体を多く含むコルクやウールは熱伝導度が小さくなっている．

図 4.2 のように，熱伝導度が異なる板を張り合わせた構造を考えてみよう．コンクリートの壁に断熱材を張り付ける，電気炉の高温側は耐火レンガだが外側は断熱材等，例は数多く挙げられる．2 枚の板で考え，張り合わせた場所の温度を $T_M\,[\mathrm{K}]$ とする．定常状態では，1 枚目の板を移動する熱 J_1 と 2 枚目を移動する熱 J_2 とは等しい．それぞれの板での伝熱量は次の式で記述できる．

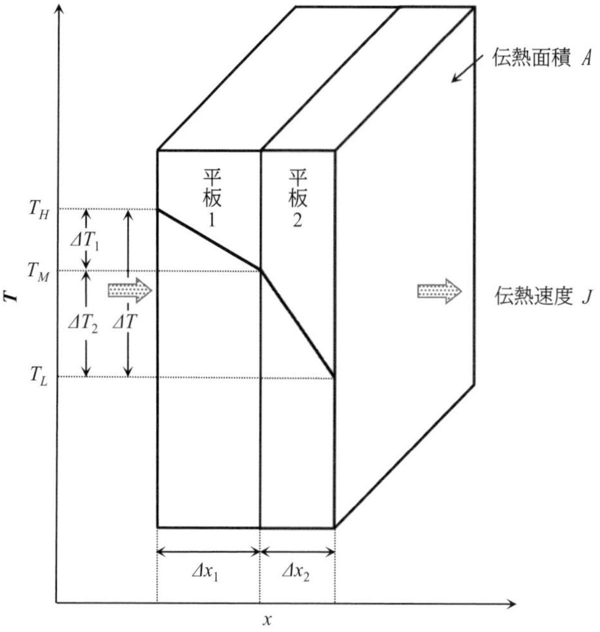

図 4.2　多重（2 重）平板内の熱伝導

$$J = J_1 = J_2$$

$$J_1 = k_1 \cdot A \cdot (T_H - T_M)/\Delta x_1$$

$$J_2 = k_2 \cdot A \cdot (T_M - T_L)/\Delta x_2$$

この連立方程式を解くと，伝熱量 J と張り合わせ箇所の温度 T_M を求めることができる．電気炉を設計する場合，定常運転時の消費電力は J にほぼ等しいため，ヒーターの選定に必須である．T_M は断熱材の耐熱温度以下とする必要があるため，T_M の把握も必要である．

伝導伝熱の式は，オームの法則と類似している．温度差が電圧 [V]，伝熱量が電流 [A] に相当し，$(k \cdot A/\Delta x)$ の逆数が電気抵抗 [Ω] に相当する．2 つの電気抵抗を直列に繋いだときの電流値は，両端の電圧を 2 つの抵抗の合計で割れば求められる．同様に，張り合わせた板全体の両面の温度差 $(T_H - T_L)$ と，$(k \cdot A ／ \Delta x)$ の逆数を加算したものより，伝熱量が求められる．

高温の面と低温の面の面積が異なる等，平板と異なる場合の伝熱も記述する必要がある．円管の内部に高温流体があり外部が低温等，管の内径から外径へと熱が伝わっていく面積が変化することがよくある．また，厳密に言えば熱伝導度は温度により変化するため，比例係数として取り扱うと誤差が無視できない場合がある．物質内を微視的に捉え，その点での温度差（温度の傾き）や伝熱面積等を考えることで，伝導伝熱をさらに一般的に定量記述できる．

$$J = -k \cdot A \cdot dT/dx$$

ここで注意しなくてはいけないのが，右辺の「−」である．熱は右に移動する場合を正の値として記述することが一般的であり，左が高温で右が低温の場合に正の値となる．一方，数学的には「右の値から左の値を引き，横軸の差で割る」と傾きとなるため，dT/dx は負の値となる．温度差をイメージして手計算をしている範囲ではミスを生じさせることはないと思うが，プログラムして自動計算させる場合には一層の注意が必要である．

4.2.2　対流伝熱

対流伝熱では流体の移動に伴う熱の移動が大きな役割を占めている．流体の動きや伝熱面付近の温度分布を厳密に求めることは難しい．実用上十分な精度で伝熱量を把握するために，流体側を簡略化して記述することが行われている．

図 4.3 のように，高温と低温の液体が板で隔てられている状態を考える．板の表面では固体と液体の温度は等しく，固体の板の中は伝導伝熱で熱が移動している．液体側の温度分布の概略は**図 4.3** のようであり，板からある程度離れると一定温度となる．伝熱量 J を以下のように記述し，係数 $h\,[\mathrm{W \cdot m^{-2} \cdot K^{-1}}]$ を伝熱係数とする．

$$J = J_1 = J_W = J_2$$

$$J_1 = h_1 \cdot A \cdot (T_H - T_{W1})$$

$$J_W = k_W \cdot A \cdot (T_{W1} - T_{W2})/\Delta x$$

$$J_2 = h_2 \cdot A \cdot (T_{W2} - T_L)$$

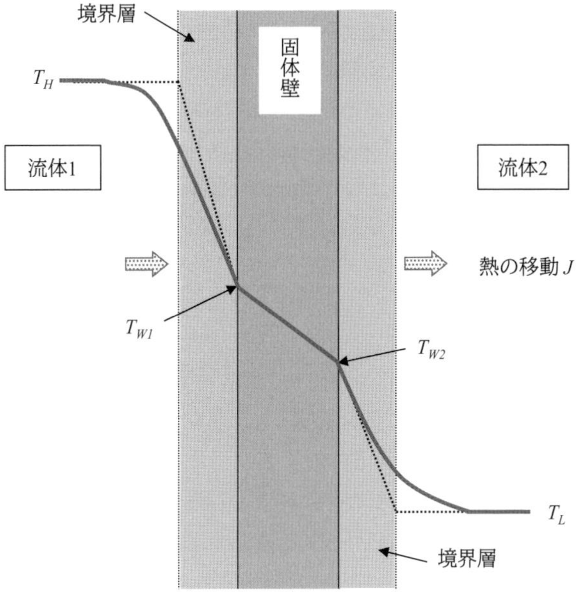

図 4.3　固体壁で隔てられた流体間の熱伝導と温度分布

伝熱係数は対流の程度によって変化するため，物性値ではない．熱伝導度を物質の厚さで割ったような係数であるので，伝熱係数を「流体の熱伝導度 k/境界層厚さ δ」として考えることがある．固体の表面から δ までの距離では流体はまったく動かずに伝導伝熱し，δ を超えると完全に混合して温度が一定になっていると，仮想的に考えるものである．流体の運動が活発な場合は境界層が薄く（δ が小さく）なる．**図 4.3** の状態も液体の双方に境界層があることを考え，「3 枚の板を張り合わせたもの」として伝熱量を推算することが可能となる．低温側のみを強く撹拌して境界層を薄くした場合，この図がどう変化し，伝熱量がどう変化するのか考えてみよう．

蒸発や凝縮という相変化を利用して伝熱量を増やすことができる．液体と，その液体の沸点よりも高い温度の板とを接して，板に熱エネルギーを加え続けることを考える．液体は沸騰し，蒸気となって移動する．板からの伝熱量は蒸発潜熱を賄うために用いられる．蒸発潜熱は加熱された液体が対流で運ぶ熱量よりもはるかに大きいことに加え，蒸気の密度は液体よりも小さいため密度差により加熱面付近を激しく撹拌しながら上方へと移動する．このような現象により伝熱係数は一般的な対流伝熱の場合よりも大きくなる．この伝熱様式を沸騰伝熱と呼び区別することもある．

蒸気がその飽和温度よりも低い温度の板と接した場合，表面で凝縮して固体に凝縮潜熱を供給する．たとえば，大気圧で 100°C 以上に加熱された水蒸気が冷たい固体に接した場合には，固体表面温度は瞬時に 100°C となる．伝熱係数は著しく大きい．この伝熱様式を凝縮伝熱と呼ぶことがある．多くの産業で加熱が必要な場合には，ボイラーで水蒸気を作って配管で輸送して，加熱装置を運転することが多い．ボイラーでは沸騰伝熱，加熱装置では凝縮伝熱が生じており，少ない伝熱面積で多くの熱を移動させている．

4.2.3　放射伝熱

すべての物体はその温度によって決まる量の電磁波（主として赤外線）を放出している．放出された赤外線が空間を伝播して別の物質に伝わり熱となることを放射伝熱という．表面積 A [m^2] の物体が放射するエネルギー J_r [W] は以下の式で表すことができる．

$$J_r = e \cdot A \cdot \sigma \cdot T^4$$

この式の温度 T は絶対温度 K である．σ は定数（ボルツマン定数）であり，その値は 5.67×10^{-8} W · m^{-2} · K^{-4} である．e は，物体の材質や表面状態等によって定まる係数であり，黒度という．入射した赤外線のすべてを吸収する理想的な物体の黒度は 1 であり，多くの固体は 0.8～0.9 の値である．ただし赤外線をよく反射する金属表面（研磨したような光沢面）では 0.1 を下回る小さな値となることがある．

放出する赤外線量は絶対温度の 4 乗に比例するため，室温近傍等低温領域では大きな量とはならない．高温で運転する装置では放射伝熱が伝熱の大半を占める場合があり，正確な把握が必要である．放射伝熱により熱を損失する場合には，表面の黒度を小さくすることで損失量を抑えることができる．加熱装置の表面を銀色に塗装することが多いのは，このためである．また，黒度が小さい表面は赤外線の反射率が高い．日射を浴びても内部の温度上昇を避けたい場合も，表面を銀色や白色とする場合が多い．

4.3 熱交換

高温の流体と低温の流体が固体の壁で隔てられていて，混合することなく熱を伝え合うことを熱交換と称する．加熱や冷却，排熱を回収して活用する場合等，さまざまな用途に用いられる．本章では基本的な構造と熱エネルギー収支について述べる．高温の燃焼ガスから熱水や蒸気を作り出す場合（ボイラー）については第5章で，空気を加熱／冷却して快適な空間を作る場合（空調）は第7章で，それぞれ紹介する．

熱交換器の構造は用途によってさまざまである．まず基本的な構造について示す．**図4.4**のように，2重の菅の内側に高温流体，外側に低温流体が流れる構造をもつ2重管式熱交換器を考える．2つの流体が同じ方向に流れる場合を「並流型」，逆方向の場合を「向流型」と呼ぶ．温度分布を併せて示す．並流型では左側で温度差が大きく右側で小さくなっており，温度差にほぼ比例する伝熱量は熱交換器内で変化する．向流型では温度差に変化は無く，伝熱量はほぼ一定である．高温流体を急速に冷却したい場合は並流型，熱交換量（たとえば，排熱回収量）を大きくするためには向流型が有利である．温度分布は流体の流量や熱容量等の物性値によって変化するため，詳細な設計が欠かせない．

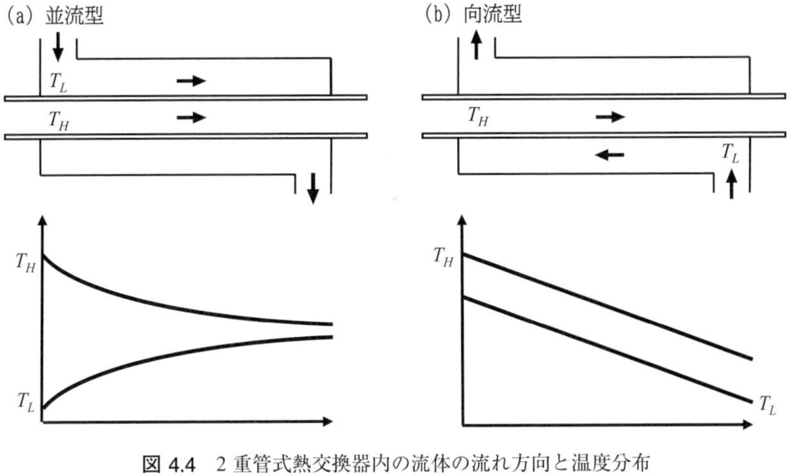

図4.4　2重管式熱交換器内の流体の流れ方向と温度分布

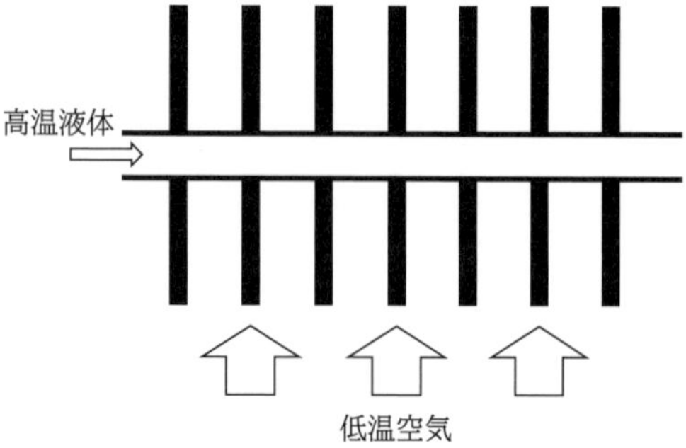

図 4.5　高温液体を空冷するための熱交換器

2 重管式熱交換器やこれに類似した構造の熱交換器は，液体同士で熱交換を行う際に多く用いられている．高温の液体を空気で冷却する場合等，液体と気体とで熱交換を行う場合には，**図 4.5** のような構造を用いることが多い．気体は液体と比べて密度が小さく，熱容量が小さい．そのため，液体と比べて桁違いに多量の気体を熱交換器に導入する必要がある．気体の熱伝導度は小さいため，伝熱面積を大きくする必要もある．そのため，気体側には金属製の多数の板（フィン）を設けて気体側の伝熱面積を大きくしている．熱交換部分に風を送ることは，気体の導入量を増やすことの他，伝熱面付近の空気を強制的に移動させることによる対流伝熱を促進する（境界層を薄くして伝熱係数を大きくする）効果がある．

熱交換により交換したエネルギー量を把握し，熱交換器出口での温度を把握する必要がある．熱エネルギーの収支は以下の式となる．

$$\text{移動した熱量 [W]} = W_H \cdot Cp_H \cdot (T_{H1} - T_{H2}) = W_L \cdot Cp_L \cdot (T_{L2} - T_{L1})$$

ここで，$W\,[\mathrm{kg \cdot s^{-1}}]$ は流量，$Cp\,[\mathrm{J \cdot kg^{-1} \cdot K^{-1}}]$ は熱容量，$T\,[\mathrm{K}]$ は温度であり，高温流体と低温流体を H と L，入り口と出口を 1 と 2 で表している．前節の式より，単位伝熱面積当たりの熱移動量が温度差の関数として求められている．必要な冷却を行うためには，どれだけの冷却水（または，空冷の風量）を必要とするか計算できる．どの程度の伝熱面積をもつ熱交換器を用いるべきか，基本的な設計も可能である．

第5章　ボイラー・火力発電

家庭でも産業界でも，多くのエネルギーを熱と電気で消費している．本章では燃料から温水や蒸気を作るボイラーと，電気を作る火力発電について述べる．

5.1　ボイラー

高温のガスと水とを熱交換して蒸気を作る設備をボイラーと呼ぶ，多くは燃料を燃焼して得られる燃焼ガスを用いるが，高温の排ガスを活用するものもある．水の沸点よりも高温の液体がある場合には，その液体と水とを熱交換させて蒸気を得ることができる．これもボイラーと呼ぶことがある．

温水を作る設備をボイラーと呼ぶ場合もある．家庭用等の小型のものは給湯器，温浴施設や産業用に多量の温水を供給するものはボイラーと，慣例的に呼び分けている．

5.1.1　ボイラーの構造

ボイラーの構造を**図 5.1** に示す．燃焼室で燃料から高温の燃焼ガスを発生させ，熱交換器で水を加熱して温水や蒸気を作っている．安定な燃焼のため送風機を設け，高圧蒸気が必要な場合には給水加圧ポンプを設ける．圧力や温度を各所で測定している．狭義ではボイラーは上半分であるが，小型のものを中心に，図に含まれるすべてをボイラーと呼ぶことも多い．

蒸気を作るボイラーでは，熱交換器となる配管内部では沸騰伝熱が生じている．燃焼室はかなりの高温であるため，対流伝熱のみならず放射伝熱も多くの熱エネルギーを移動させている．大気圧以上の圧力の蒸気を作ることが多いため，温度と圧力に耐える設計が必要である．

供給される水に含まれる不純物は，ボイラー内に蓄積していく可能性がある．水の蒸発により濃縮されることは避けられないが，配管内に析出すると伝熱係

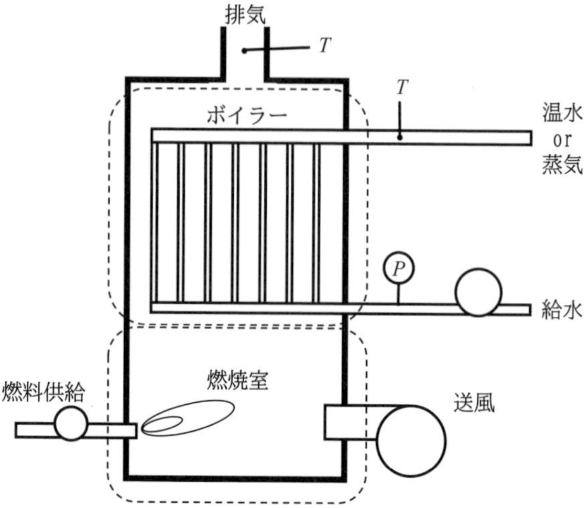

図 5.1　ボイラーの構造

数を下げ，最悪の場合は配管を閉塞させる．水から不純物を除いて純水として供給することが行われている．小型の設備でも，析出しやすいカルシウムを溶解度が高いナトリウムとイオン交換（軟水化処理）しておき，定期的に（あるいは一定割合を常時）不純物が濃縮したボイラー内の水を排水することが行われている．

ボイラーを通過した後の排気もある程度の熱エネルギーを有している．熱交換器を設けて供給する水の予熱に用いることが一般的である．

温水製造と，小型・中型の蒸気を製造するボイラーの外観を**図 5.2** に示す．温水ボイラーには温水タンクも含まれている．小型のものは，事業所内に搬入して燃料と給排水の配管を接続すれば蒸気が製造できるような，パッケージ製品として市販されている．火力発電で蒸気タービンに蒸気を供給するためのボイラーは非常に大型である．

5.1.2　ボイラーの蒸気製造能力

ボイラーの蒸気製造能力は1時間に製造できる蒸気の量で表記することが一般的である．温水製造の場合はW表記が増えているが，温水温度と製造でき

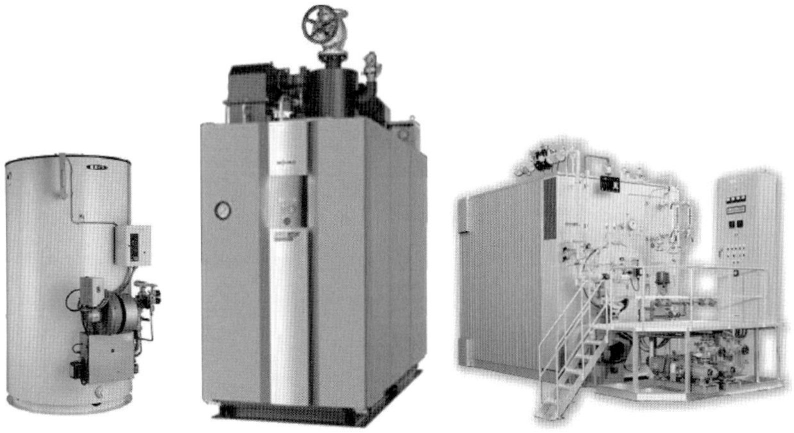

(a) 無圧式温水ボイラー
116～349 kW

(b) 小型蒸気ボイラー
1,500～3,000 kg/h

(c) 水管ボイラー
4,000～20,000kg/h

図 5.2　各種ボイラーの外観

(a)（出典　株式会社巴商会無圧式給湯：(https://tomoeshokai.com/product/boiler/bht)）
(b)（出典　三浦工業株式会社小型貫流蒸気ボイラー：(https://www.miuraz.co.jp/product/boiler/steam/gas/sq01.html#sq-as)）
(c)（出典　川崎冷熱工業株式会社水管ボイラー：(https://www.khi.co.jp/corp/kte/product/boiler/kd)）

る温水の量での表記も見られる．

蒸気を発生させる際に必要な熱エネルギーは，給水温度や蒸気の圧力によって異なる．100 °C の水を 100 °C の水蒸気とする場合に換算し，基準蒸発量として表記している．100 °C での蒸発潜熱は 2,257 kJ/kg である．1,000 kg/h を W に換算してみて欲しい．

ボイラーの能力として，蒸気の圧力と温度も必要である．高圧とすると沸点が上昇して 100 °C よりも高温の水蒸気が得られる．さらに加熱することにより，沸点よりも高温の水蒸気となる．小型のボイラーは蒸気の需要側の要求に応じて，0.01 MPa（大気圧より 0.1 気圧高い程度）～1 MPa といった圧力範囲で設備を選定して運転されている．ゴミ焼却場の熱回収ボイラーの規模であれば，6 MPa（約 60 気圧）・450 °C といった高温高圧で運転している．圧力・伝熱面積・高圧となる部分の容積によっては，取り扱いに資格が必要である[1)]．

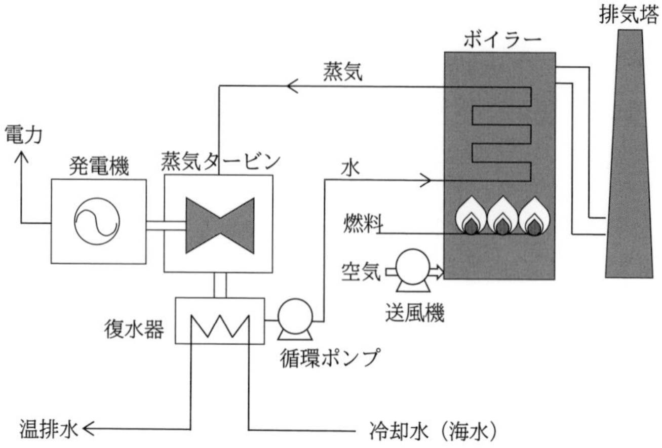

図 5.3　汽力発電

5.2　火力発電

火力発電所のうち古くからある方式である汽力発電と，発電効率が高いコンバインドサイクル発電について述べる

5.2.1　火力発電システム

汽力発電のフローを**図 5.3** に示す．燃料を燃やして高温を得て，ボイラーで高圧蒸気を作る．その蒸気で蒸気タービンを回して発電をし，膨張しながらタービンを通過した蒸気は復水器で冷却され水に戻る．その水を循環ポンプで加圧してボイラーに供給する．このようなサイクルで発電が行われる．高温を得ることができれば発電が可能なため，燃料はさまざまなものが使われている．原子力発電も核分裂によって得られる熱で蒸気を得ており，火力発電と類似点が多い．蒸気の圧力を高くし，温度を高くすることにより，発電効率は向上する．汽力発電では，発電効率 40～45%が得られている．原子力発電ではボイラーに相当する部分の圧力を高くできないため，発電効率 33%程度にとどまっている．

高温高圧の燃焼ガスを断熱膨張させることによりタービンを回すガスタービ

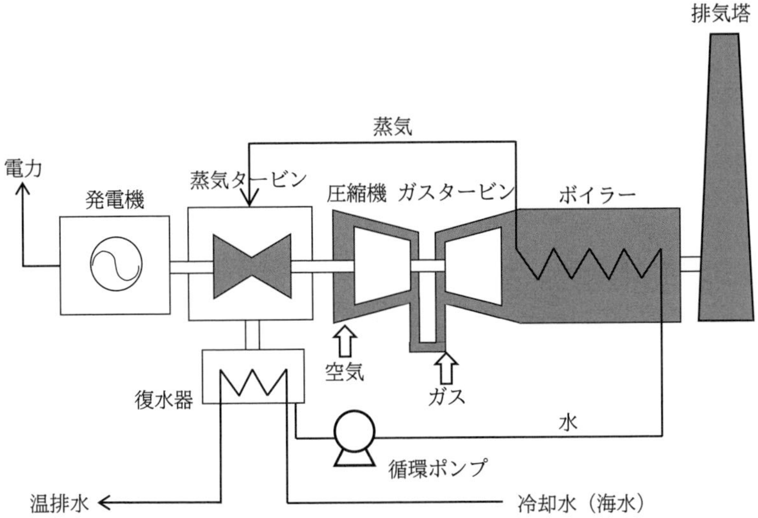

図 5.4　コンバインドサイクル発電

ンが，LNG（液化天然ガス）を燃料とする場合を中心に多く用いられている．ガスタービンを回した後の排ガスも温度が高く，高圧蒸気を作ることができる．ガスタービンと蒸気タービンを組み合わせた方式をコンバインドサイクルと呼び，そのフローを**図 5.4** に示す．空気圧縮機・ガスタービン・蒸気タービンと発電機が同じ軸で繋がっている．動力の一部を用いて空気を圧縮して燃焼部に供給する．そこに燃料を供給して燃焼させることにより高温の燃焼ガスを発生させる．温度の上昇に伴う体積膨張により，ガスタービンを回転させる．ガスタービンから排出されるガスは断熱膨張により温度が低下するとはいえ，相当高い温度である．その熱エネルギーを高圧蒸気として回収し，汽力発電と同様に蒸気タービンを回す．コンバインドサイクル発電の実用化により発電効率は飛躍的に向上し，60%を超えるものもある．発電効率向上のためには，燃焼温度を高温とすることが効果的である．1,500～1,600 °C という高温での運転が実用化されている．このような高温では金属材料を用いることができないため，セラミックスでガスタービンを作っている．排熱回収ボイラー，蒸気タービン，ガスタービンの写真を**図 5.5** に示す．高温高圧や高速回転に耐える工夫を各所に施している．その大きさも合わせて感じて欲しい．

(a) 排熱回収ボイラー

(b) 蒸気タービン

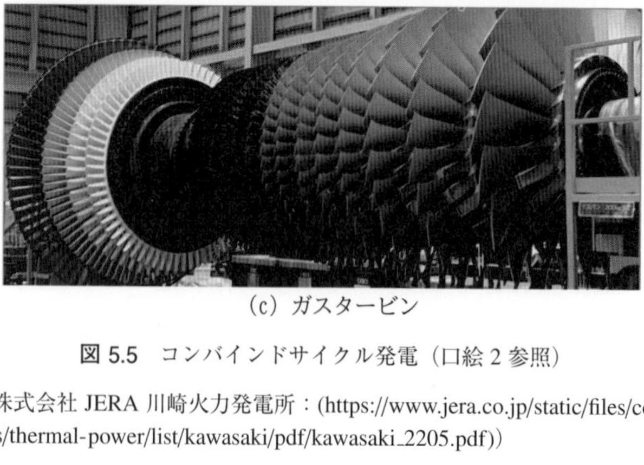

(c) ガスタービン

図 5.5　コンバインドサイクル発電（口絵 2 参照）

（出典　株式会社 JERA 川崎火力発電所：(https://www.jera.co.jp/static/files/corporate/business/thermal-power/list/kawasaki/pdf/kawasaki_2205.pdf)）

5.2.2　発電効率と調整力

発電量と燃料がもっているエネルギー量（低位発熱量）との比が，発電効率である．発電所の出力や効率を論ずる際に，発電端出力（効率）と送電端出力（効率）の 2 種類があることに注意が必要である．発電端出力は発電機の出力である．送電端出力は，発電所から外部に送電される出力（消費者側から見た際の発電量）であり，発電端出力から発電所内で消費される電力を差し引いたものとなる．発電所内での電力消費の主なものは，安定した燃焼のための送風機，ボイラーに水を供給する循環ポンプ，復水器を冷却するための海水等を移送する冷却水ポンプである．計測や制御にもある程度の電力を消費する．石炭火力発電所の場合は，石炭の移送に動力を必要とし，微粉とするための破砕機にも動力を必要とする．排ガス処理や灰の処理にも動力が必要である．発電端と送電端とを混同して議論すると，不適切な結論を招きかねないので，注意が必要である．

電力は消費と供給が常に一致している必要がある．需要が多い季節にはすべての火力発電所を運転し，需要が少ない季節に停止させて点検整備を行うといった運用がなされている．需要は曜日や時間帯によっても変動する．この変動に電力供給を追随させる調整力が必要である．汽力発電はボイラーや蒸気の熱容量が大きいため，出力を急速に変化させることが難しい．さらに石炭火力は燃料を粉砕して供給するといった工程もあるため，一定出力で運転するのが効率的である．ガスタービンは出力調整幅も応答速度も優れており，調整力としての役割が大きい．天候に左右される太陽光発電や風力発電が増加しているため，調整力の重要性（第 13 章で詳述）が高まっている．

5.2.3　二酸化炭素排出原単位

火力発電所の燃料の大半は化石資源であるため，二酸化炭素の排出が避けられない．「石炭火力は地球温暖化の元凶だから廃止せよ」といった主張をそのまま引用するのではなく，どれだけ排出するのか計算できるようになっていて欲しい．

燃料消費量 [kg/s] × 低位発熱量 [J/kg] × 送電端発電効率 = 発電量 [W]

燃料消費量 [kg/s] × 燃料の排出原単位 [kg-CO_2/kg]

= 二酸化炭素排出量 [kg-CO_2/s]

二酸化炭素排出量/発電量 = 電力の二酸化炭素排出原単位 [kg-CO_2/J]

上式は SI 単位で示したが，1 kWh = 3, 600 kJ を用いれば，電力の二酸化炭素排出原単位としてよく使われる kg-CO_2/kWh に変換できる．燃料の量も，通常用いられている単位と変換することが必要である．

たとえば，石炭火力の送電端発電効率を 40%，LNG コンバインドサイクルを 55%として比較してみよう．石炭火力の排出量の多さが定量的に理解できるであろう．

電力系統にはさまざまな発電所が連系しており，燃料・効率・年間発電量もさまざまである．水力・太陽光・風力・原子力といった二酸化炭素排出原単位が小さなものもある．すべての発電所からの二酸化炭素排出量を合計し，年間の売電量で割ると，電力会社ごとの二酸化炭素排出原単位が求められ，毎年公表されている．電力各社の HP でも数値を知ることができる．再生可能エネルギーの増加と火力発電の高効率化で，排出原単位は年々減少する傾向である．電力会社間で比較すると，原子力発電を稼働させている会社の排出原単位が小さくなっている．

参考文献

1)　一般社団法人　日本ボイラ協会：
(https://www.jbanet.or.jp/examination/classification/boiler/)

第6章　熱電併給と排熱活用技術

家庭でも産業でも，電気と熱の両方を必要としている．燃料を用いて発電をする際には，排熱の発生が避けられない．この熱を活用するのが熱電併給システムである．多くの産業で多量のエネルギーを使用しており，さまざまな温度領域の排熱が発生している．これらの排熱の活用技術も紹介する．

6.1　熱電併給システム

熱電併給システムの概念図を**図 6.1** に示す．熱電併給は電気と熱の 2 つを同時に生み出すため，コージェネレーション（略称：コージェネ）とも呼ばれている．多くの事業所では電気の他に熱を必要とする．家庭でも給湯や暖房といった熱需要がある．多くの場合，熱需要はガスや重油を燃焼させることで賄われている．一方で，第 5 章で述べたように，火力発電では復水器の運転のために多量の冷却水が必要であり，排熱は海に捨てられている．事業所や家庭に発電設備を設けて，排熱を活用することで総合的な効率を向上させるのが，熱電併

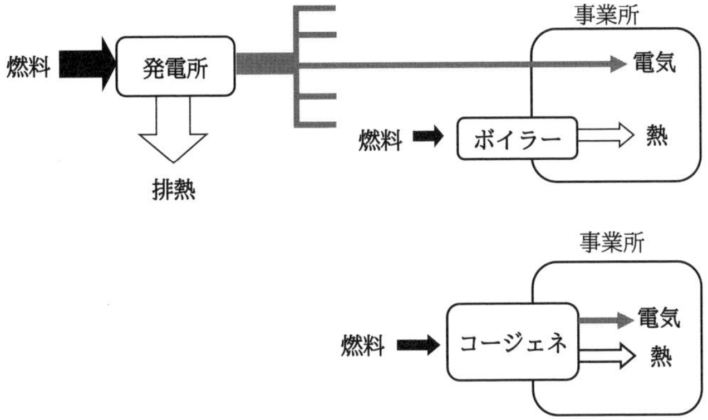

図 6.1　熱電併給（コージェネレーション）の概念図

給システムである．

さまざまな発電機が熱電併給システムに用いられている．ガスエンジン発電機は自動車用ガソリンエンジンと同じ原理で，ガスと空気の混合気を圧縮して火花で着火して爆発させることでピストンを往復させて回転運動を得ている．小型化が容易で実績も多い．ディーゼル発電機は，バスやトラックに搭載されているディーゼルエンジンと同様，断熱圧縮して高温になった空気内に燃料を噴射して引火させることで回転運動を得ている．重油を燃料とする場合が多い．発電効率が高いことが利点であるが，ガスエンジンと比べて運転音と振動が大きい欠点がある．ガスエンジン発電機・ディーゼル発電機ともに，エンジンの冷却水と排ガスから熱回収ができる．ガスタービンについては第5章で述べている．排ガスが高温であるため熱回収が容易であり，高温・高圧の蒸気を得ることもできる．

燃料電池を用いた熱電併給への期待が高まっている．燃料電池については第9章で述べる．燃料電池は化学反応により発電するため，ファンやポンプといった補助的なものを除き，往復や回転運動するものがない．そのため静粛であり，騒音や振動対策を必要としない．電気とお湯を供給する一般家庭向けの燃料電池熱電併給システムが市販されており，エネファームと呼ばれている．燃料電池にもさまざまなタイプがあり，動作する温度領域が異なっている．動作温度に応じた温度の排熱が発生するため，熱需要側の温度と整合するようにシステムを構築する必要がある．固体高分子型（PEFC）等の低温動作の燃料電池であれば，排熱は温水としての利用に限られる．給湯や暖房であれば，温水をそのまま活用することができる．より高温が必要な事業所であっても，予熱に活用するといった工夫により，燃料消費を削減することが可能である．固体酸化物型（SOFC）等の高温動作の燃料電池であれば，排熱も高温であるため，水蒸気を得ることが可能である．

6.2　熱電併給と集中冷暖房

都会には，オフィス・商業施設・ホテルが密集したエリアが数多く存在する．大型ビルでは床面積（室内容積）に比べて窓が少なく壁面の面積が小さいため，外気温の影響を受けにくい．人や機器類からの発熱は床面積に応じて生じるた

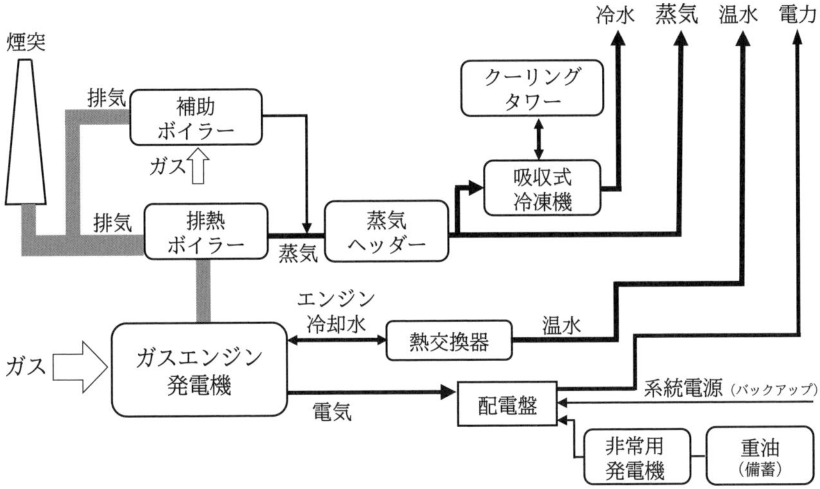

図 6.2 ガスエンジンを用いた熱電併給・集中冷暖房

め，夏季の冷房需要は大きなものがある．サーバーやコンピューターを多数収容した部屋は機器発熱量が多いため，冬季でも冷房が必要となる場合がある．エレベーターの機械室等も狭い場所に多くの発熱機器があるため，年間冷房が必要である．宿泊施設や飲食店では，年間を通じて給湯の需要がある．電力の需要もあるため，開発する際に熱電併給システムを導入することが多い．

図 6.2 に，ガスエンジンを用いた熱電併給・集中冷暖房システムのフローを示す．六本木ヒルズ [1] 等の事例を参考に書いた図である．主要部分はガスエンジン発電機と排熱回収用のボイラーおよび熱交換器である．エンジン冷却水は温水供給に適する温度である．エンジンの排気ガスは高温であり，ボイラーで蒸気を作ることができる．蒸気で供給することにより，高温の熱源とできるのみならず，温水供給よりも多くの熱エネルギーを輸送することができる．吸収式冷凍機（第 7 章で詳述）を運転することにより，蒸気をエネルギー源として冷水を製造することができる．この冷水を冷房に使用する．

冷暖房や給湯の需要は，季節的に変動することが避けられない．1 日のうちにも，曜日によっても，天候によっても，大きく変動する．温水・蒸気・冷水の需要変動に対応できるシステムとする必要がある．蒸気や冷水が不足する場合に備えて，補助ボイラーが必要となる．図には書かなかったが，温水が不足するときには，蒸気によって水を加温する．

電力の需要も変動する．オフィス・飲食店・ホテル等，電力使用パターンが異なる業種が存在して，電力需要が日内で平準化すると望ましい．電力需要の変動は，ガスエンジン発電機の出力調整でカバーするか，発電機は小さめにしておいて電力会社から購入する電力を変動させるか，選択肢がある．熱と電力の両方の需給バランスを考えて，熱電併給システムの設計をすることが重要である．

地震や台風といった災害時には，停電が発生する可能性がある．熱電併給システムは自立運転できる自家発電設備として，停電時にもエリア内に電力を供給できる．大規模災害時には，ガスの供給も遮断される可能性がある．このような場合においても最低限の電力を供給できるよう，多くの熱電併給システムでは燃料の備蓄や非常用発電機の併設等が行われている．災害時にも電気や熱が供給されることは，このエリアに店舗やオフィスを構える事業者にとって大きなメリットである．

6.3　火力発電と蒸気供給

熱エネルギーの需要が多く，蒸気を多量に必要とする事業所（工場等）では，事業所内に汽力発電をベースとした熱電併給システムを設けて電力と蒸気を供給している場合が多い．付加価値の高い電力をより多く得ると同時に，熱需要設備に応じた温度・圧力の蒸気を得るために，蒸気タービンの途中から蒸気を取り出している．このタービンを抽気タービンと呼ぶ．概略を図 6.3 に示す．

蒸気のもつエンタルピーは，高温高圧である事に加え，蒸発潜熱をもつことで高くなっている．タービンは，高温高圧 $T_H \cdot P_H$ の水蒸気が断熱膨張することによりタービンブレードが押されて回転している．復水器で水蒸気が水となって体積が減ることにより，復水器内圧力 P_L が下がり，タービンを回す圧力差を得ている．抽気しないタービンでは，蒸発潜熱（正確には復水器内温度での蒸発潜熱）はすべて復水器で冷却水を温めるのに使われている．復水器内の圧力 P_L は，復水器内の水の温度 T_L での飽和水蒸気圧とほぼ等しく，大気圧以下である．この蒸気を取り出しても温度と圧力が低く，熱源としての使用は困難である．ボイラーから出た蒸気のもつエンタルピーの一部のみが回転に変換さ

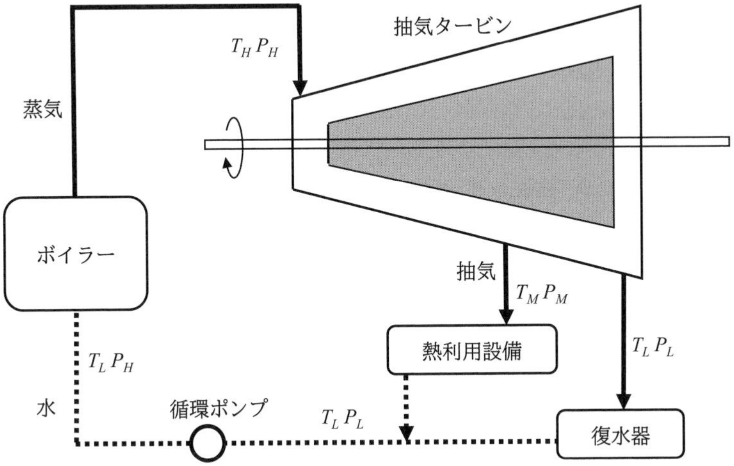

図 6.3　抽気タービン

れて電力となり，大半は復水器で捨てられているのである．

抽気タービンでは，タービンの途中から蒸気を取り出している．大気圧となる点よりも高圧側で，熱需要設備に応じた温度・圧力 $T_M \cdot P_M$ となる点を選定して必要量の蒸気を取り出す．大気圧（1 気圧，ゲージ圧で表記すると 0）であれば 100 °C，2 気圧（ゲージ圧で約 100 kPa）であれば約 120 °C の蒸気となり，加熱用として用いることができる．事業所内の小型の汽力火力であっても，ボイラーから出る蒸気は 40〜60 気圧（4〜6 MPa）と高圧である．「高圧の気体としてタービンを回す仕事」は，抽気される前にほぼ完了しており，抽気によるタービン出力の低下は 2 気圧から復水器内圧力（0.1〜0.3 気圧程度）と膨張する分だけである．一方で，抽気した蒸気は蒸発潜熱の分も加熱に用いることができる．抽気した分だけ復水器に導かれる蒸気量が減少する．その分，復水器の負荷が減り，冷却が効率的に行われるために，復水器内温度が低下し圧力も低下する．これがタービンの圧力差を増やすことに繋がり，発電効率を向上させる．熱需要設備で加熱に用いた蒸気は凝縮して水となるが，この水は圧力差（$P_M - P_L$）により吸い出されて復水器からの水と合流し，循環ポンプへと供給される．このような仕組みにより，発電量をほとんど下げることなく，事業所内で必要な熱エネルギーを供給することができる．

図 6.4　LNG 火力発電所
LNG を燃料とする 1,500〜1,600 ℃級コンバインドサイクル（口絵 1 参照）

（出典　株式会社 JERA 川崎火力発電所：(https://www.jera.co.jp/corporate/business/thermal-power/list/kawasaki)）

熱需要がある事業所と火力発電所が隣接している場合には，抽気タービンを用いたシステムを大規模化して用いることができる．**図 6.4** に示した LNG 火力発電所（川崎火力発電所[2)]）は工業地帯の一角に存在し，多くの工場が隣接している．コンバインドサイクル発電の蒸気タービンから抽気した蒸気を工場に供給することにより，工業地帯全体での燃料消費を減少させている．

6.4　バイナリー発電

80 °C 以上の高温排水や 100〜120 °C 程度の低圧蒸気が多量に存在する場合には，それを熱源とした発電が可能である．発電の原理を**図 6.5** に示す．水よりも沸点の低い媒体を用いることが特徴であり，水と低沸点媒体の 2 つの流体を用いることよりバイナリー発電と呼ばれている．低沸点媒体と高温排水とで熱交換し，媒体を沸騰させる．媒体の蒸気でタービンを回して発電し，復水器で冷却して液体に戻す．火力発電の高圧蒸気と復水器内温度と比較すると，高温排水と冷却水との温度差は小さいため，高い発電効率は望めない．しかしな

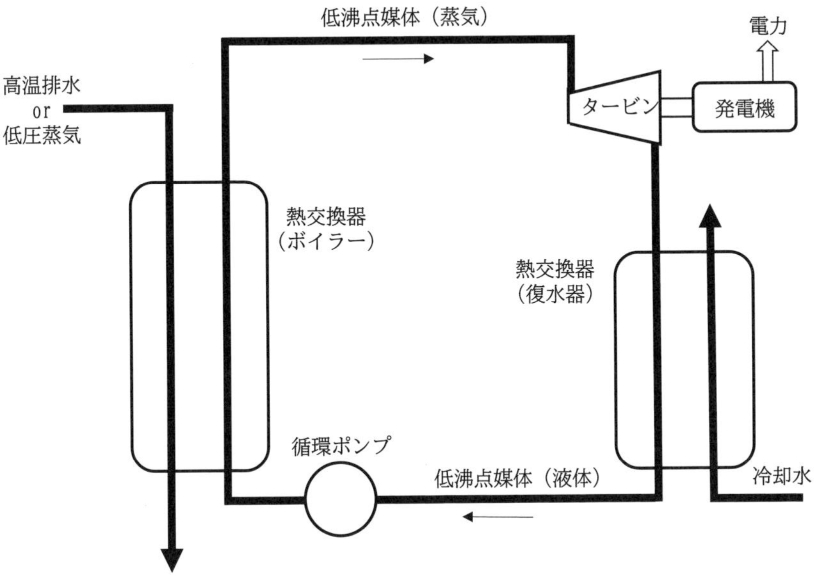

図 6.5　バイナリー発電

がら，捨てられていた熱エネルギーが電気へと変換できる価値は大きなものである．

我が国には温泉が多くあり，地熱資源に恵まれている．大型の地熱発電所では，地下深くの熱源まで井戸を掘り，高温高圧の水蒸気を取り出して蒸気タービンを回して発電している．発電後の水蒸気は復水器（地熱発電は山間地に作られるため，空冷の復水器が用いられている）で凝縮させ，地中に戻している．バイナリー発電は，100 °C 程度で動作するため，高温高圧の水蒸気でなくても発電ができる．地域によっては熱水や蒸気が噴出しているところがあり，この熱を活用して発電する取り組みがある．

福島県福島市土湯温泉の源泉は 140 °C 程度の水蒸気であり，これを地下水と混ぜて 70 °C 程度にして温泉宿に配湯していた．源泉には腐食性のガスがほとんど含まれていないため，バイナリー発電に適するものであった．東日本大震災後に復興まちづくり会社を設立[3)]して計画を進め，ペンタンを低沸点媒体とするバイナリー発電所（440 kW，2015 年 11 月発電開始）と，山間地の急流と既存の砂防ダムを活かした小水力発電所（140 kW，2015 年 4 月発電開始）とを運転している．

ボイラーで低沸点媒体と熱交換した源泉は，凝縮して熱水となる．復水器で媒体蒸気を冷やした冷却水は，温度が上がった地下水である．この地下水と熱水を混合することにより，配湯に適した 70 °C 程度のお湯が得られる．発電設備の設置前と変わらない（源泉がもつ熱エネルギーの一部が電気となる分，地下水を混合する量が減り，温泉成分がわずかに濃い）お湯を温泉宿に供給できている．この発電施設は民間会社が運営するバイナリー発電として日本初であり，計画段階から多くの視察者を集めてきた．また，暖かくなった冷却水を使って熱帯の淡水エビを養殖する等，地熱資源を活用した話題作りを行い，温泉街を盛り上げている．

参考文献

1) 森ビル株式会社　六本木ヒルズ　新技術の導入：
(https://www.mori.co.jp/projects/roppongihills/technology.html)

2) 株式会社　JERA　川崎火力発電所パンフレット：
(https://www.jera.co.jp/static/files/corporate/business/thermal-power/list/kawasaki/pdf/kawasaki_2205.pdf))

3) 株式会社　元気アップ土湯：(https://genkiuptcy.com/)

第7章　ヒートポンプと空調

冷蔵や冷凍は食生活の幅を広げ，空調は快適な空間を作っている．これらの要素技術は水や冷媒の相変化を活用しており，現在も進化を続けている．ヒートポンプは冷凍冷蔵や冷房だけでなく，温水を供給する等熱源としての役割も担うようにもなっている．

7.1　ヒートポンプ

ヒートポンプの原理を**図 7.1** に示す．冷蔵庫やエアコンをイメージして良い．冷房として説明する．熱媒体（冷媒と呼ぶことが多い）を断熱圧縮すると温度が上昇する．室外機で高温となった媒体と外気とを熱交換し，媒体を気温付近まで冷却する．媒体を室内機で断熱膨張させると温度が低下する．媒体と室内の空気とで熱交換し，冷気を室内に送り出す．このようにして，熱媒体の循環により室内の熱エネルギーを室外に移動させている．熱交換器と圧縮・膨張とを繋ぎ変えることにより，冬季には温風を室内に送り出すことができる．水と熱交換することにより，温水や冷水を製造することができる．

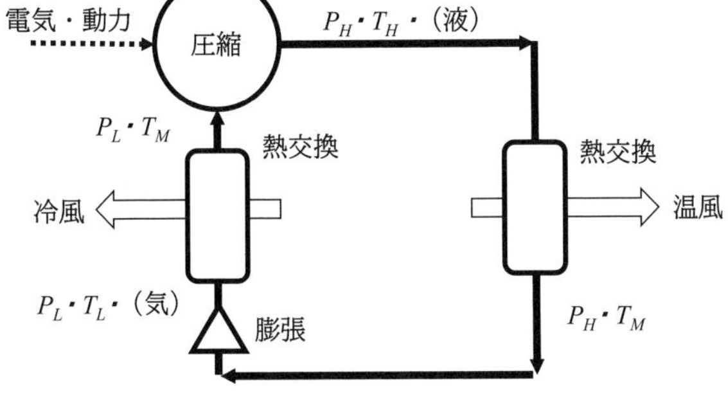

図 7.1　ヒートポンプの原理

このサイクルは理想気体でも成立するが，圧縮後の熱交換器内で液体となり，減圧させると気体となる媒体が望ましい．高温側での熱交換が凝縮伝熱を伴い，凝縮後も高密度の液体となるため伝熱効率が良い．低温側で膨張させると，蒸発潜熱の分も冷却に貢献する．媒体は高温側・低温側で要求される温度領域に，媒体の安定性及び危険性や設備コスト（液化圧力が高い場合は，高圧とする圧縮機が必要で設備費が高くなる等）を加味して選定される．さまざまなフロン類（フッ素と炭素を含む人工的な化合物，塩素も含むものが多かった）が媒体として使用されていた．毒性がなく，不燃性で発火の心配がなく，フッ素や塩素の数により沸点の調整ができる等，便利な媒体であった．しかしながら，大気中に放出するとオゾン層を破壊することがわかり，生産が中止され，媒体として使用した後は回収して処理することが義務付けられた．現在は，オゾン層を破壊しない代替フロン，炭化水素類，液化二酸化炭素等が熱媒体として用いられている．

圧縮機や熱交換器の性能向上により，極低温から高温までさまざまな温度領域の用途にヒートポンプが適用されるようになっている．一般家庭の給湯にも二酸化炭素を媒体とするヒートポンプが用いられるようになり，エコキュートと呼ばれている．加熱が必要とされる産業でも，必要な温度がそれほど高くない場合にはヒートポンプを導入する動きがある．冷水と温水を同時に必要とする事業所（たとえば，冷蔵倉庫の隣に食品加工場）では，冷水製造時に放出される熱を温水製造に活かすことにより，エネルギーの使用効率を大幅に改善できる可能性がある．

7.2　ヒートポンプの性能評価

ヒートポンプは，入力となる動力を上回る熱エネルギーを低温側から高温側へと移動させることができる．その性能を *COP*（Coefficient of Performance）で評価することが多い．電気モーター駆動の圧縮機を用いるヒートポンプでは，*COP* は以下の式で定義される．

$$COP = \frac{\text{定格能力}}{\text{定格消費電力}}$$

同一の温度条件では *COP* が大きいほどヒートポンプの性能は良く，より多くの熱エネルギーを移動させることができる．また，高温側と低温側の温度差が小さいほど，*COP* は大きくなる．

ヒートポンプを用いる機器の代表がエアコンである．エアコンの性能評価のために標準的な条件（暖房能力の評価では標準的な外気温を 7°C，冷房能力では 35°C）を定めて，*COP* を求めて比較している．得られている *COP* は 3〜5 程度である．暖房時の方が室温と外気温の温度差が大きいため，*COP* は小さい値となっている．

最近では暖房にもエアコンを使用することが多くなったため，年間通じての消費電力で評価するようになってきている．低温時・標準暖房時・標準冷房時の日数を標準的に定め，年間の能力と消費電力量の比を取ったものを，通年エネルギー消費効率（*APF*：Annual Performance Factor）と呼ぶ．$APF = 5$ 程度が得られている．

$$APF = \frac{(\text{冷房期間} + \text{暖房期間})\text{で発揮した能力}}{(\text{冷房期間} + \text{暖房期間})\text{の消費電力量}}$$

エアコンの消費電力を下げるためには，室外機の温度（ヒートポンプの熱交換器温度）を暖房時には高くし，冷房時には低くすることが効果的である．地中の温度は年間を通じて変動が少ない．地下水は冬季には暖かく夏季には冷たく感じるように，年間を通じて温度変動が少ない．地中あるいは地下水を室外機側の熱源とすることにより *COP* を高くすることができ，消費電力を大幅に下げることができる．通常のエアコンを使った冬季の暖房時には，外気温よりも低温となる熱交換器に霜がつくことが頻繁に生じる．霜を融かすために暖房を一時停止して室外機を温める操作（霜取り操作）が必要である．地中熱を活用するシステムでは霜の生成が無いために霜取り操作が不要である．

河川水の温度も，外気温に比べると変動が少ない．水は空気と比べて熱容量と熱伝導度が大きいため，熱交換に有利である．冷暖房の際の熱源として有望である．下水は使用したお湯が流れるため，河川水よりも温度が高い．温泉排湯等のさらに高温の排水もある．これらは暖房時の熱源として有望である．

7.3 吸収式冷凍機

熱源を用いて冷水を製造することが可能である．吸収式冷凍機の原理を

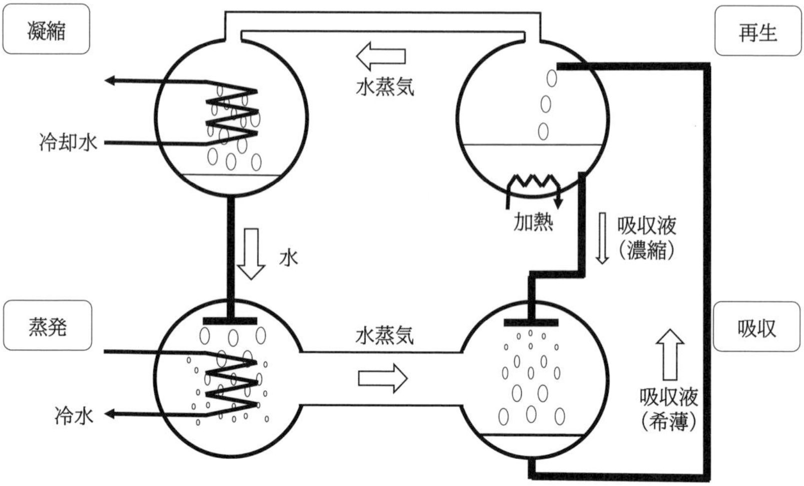

図 7.2　吸収式冷凍機の動作原理

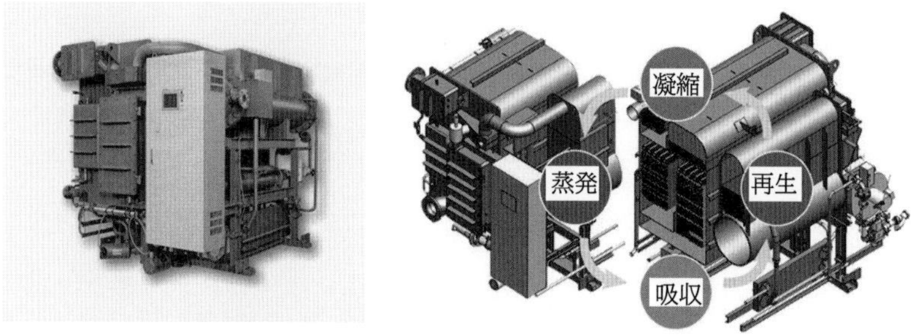

図 7.3　吸収式冷凍機外観および構造

（出典　川重冷熱工業株式会社 HP：(https://www.khi.co.jp/corp/kte/product/chiller/principle/)）

図 7.2 に示す．4 行程がパッケージとなっている製品の外観図[1] を**図 7.3** に示す．

右下の「吸収」から反時計回りに行程を説明する．「吸収」では，臭化リチウム等の吸湿性が高い塩の水溶液に水蒸気を吸収させる．水蒸気を吸収して濃度が低くなった吸収液を「再生」へと移送する．「再生」では何らかの熱源を利用して吸収液を加熱して濃縮する．濃縮した吸収液は「吸収」に戻され，水蒸気は「凝縮」へ移動する．「凝縮」では冷却水によって水蒸気を凝縮して水とする．冷却水はクーリングタワー等で得られる室温程度の水で構わない．水は「蒸発」に送られ蒸発する．蒸発には熱エネルギー（蒸発潜熱 [J/kg] × 蒸発量 [kg/s]）が必要であり，循環する冷水から熱エネルギーを奪う（冷房機器から戻ってきた水を冷やして冷水を送り出す）ことができる．「蒸発」で生じた水蒸気は「吸収」へと移動する．

4 つの行程の容器内の気相側は水蒸気のみで，空気は存在しない．「再生」と「凝縮」は大気圧程度，「蒸発」と「吸収」は低温（0 °C 付近）での飽和水蒸気圧で運転される．水蒸気は，凝縮や吸収に伴って生じるわずかな圧力差によって移動する．吸収液を「再生」へと移送するポンプに動力を必要とする．この他，冷却水や冷水を循環させるポンプがある．

「再生」の運転圧力で濃厚溶液となった吸収液が沸騰すれば良いので，用いる熱源は高い温度である必要はない．ヒートポンプによる冷水製造が普及していなかった時代には，都市ガス等の燃料を用いて直接加熱を行っていた．現在でも用途によっては燃料を用いている．ボイラーから供給される水蒸気を用いる場合は，比較的低圧の蒸気で運転できる．大型商業施設等で熱電併給と集中冷暖房（第 6 章）を行う場合には，蒸気や温水の供給に加え冷房のための冷水も求められる．発電に伴い発生する排熱を活用して冷水を製造することが行われている．

7.4 換　気

多くの人が集まる室内では，二酸化炭素濃度が高くなっていく．有機溶剤等の薬品を使用する事業所では，作業環境を良好に保つために換気が必要となる．換気は換気扇等により室内の空気を室外に送り出すか，ダクト等を介してファンで室外の空気を供給するといった，単純な操作である．しかしながら，エネルギーを使って快適にした室内の空気を捨てる行為でもあるため，過度に行うことは避けたい操作でもある．

室内を 1 つの容器として，物質の収支を考える．単位時間当たりの質量 [kg/s] の出入りを式にすると

$$\text{流入する量} + \text{室内で発生する量} = \text{流出する量} + \text{室内に蓄積する量}$$

二酸化炭素の収支として各項目を具体的に記述すると

流入する量 = 外気中の二酸化炭素濃度 [kg-CO_2/m^3] × 換気量 [m^3/s]

発生する量 = 呼吸発生量 [kg-CO_2/(s · 人)] × 人数 [人]

流出する量 = 室内の二酸化炭素濃度 [kg-CO_2/m^3] × 換気量 [m^3/s]

蓄積する量 = 濃度上昇 [kg-CO_2/(m^3 · s)] × 室内容積 [m^3]

SI 単位を意識して時間は秒で式にしたが，1 時間当たりとしての表記が多い．二酸化炭素濃度は ppm [m^3/m^3 × 10^6] で，発生量は [m^3/(hr · 人)] で表記されるのが一般的である．呼吸発生量は，安静時・作業時・運動時等活動状況により異なるが，0.02～0.05 m^3/(hr · 人) 程度である．

最大定員まで収容したときに，室内濃度が基準値（建築物衛生法では 1,000 ppm）を超えないことが求められる．室内での人の活動状況を設定し，最大収容人数と基準値を代入して，濃度上昇をゼロとする換気量が，必要最小換気量である．火気の使用があれば，発生量に加算する．外気の二酸化炭素濃度は，筆者が大学生の頃は 350 ppm 程度であったが，今は 400 ppm をかなり超えている．

有機溶剤等を使用する場合も上式が適用できる．作業上許容できる上限濃度は，その物質の有毒性等に応じて決められている．短時間であっても上限濃度を超えないような設備設計や作業ルールが必要である．作業者が溶剤蒸気を吸い込まないよう，局所的に排気することができれば，換気量は小さくすることができる．その場合の上限濃度は，「爆発限界濃度を十分に下回る値」とする必要がある．危険性や毒性が強い薬品類が高濃度で排出される場合は，環境中に放出する前に安全に処理する必要がある．

換気もエネルギーを必要とする．風力発電とは逆に，室内で静止している空気に運動エネルギーを与える動力が必要となる．その動力は基本的には風速の 3 乗に比例する．ダクトを用いる場合は，ダクト壁面での摩擦や曲がり部分での損失等を補うための動力が必要となる．換気口の面積を大きくして風速を小さくすれば，少ないエネルギーで同じ換気量を得ることができるが，機器が大型化するデメリットがある．

室内と室外とに圧力差がある場合には，圧力差と風量に比例した動力が追加的に必要となる．半導体や精密機器製造用のクリーンルームでは，外からほこりが入らないように室内の圧力を室外よりも高く保っている．有毒物を扱う領域を局所排気する場合には，相当の圧力差を設けて有毒物が排気ルート以外に漏えいしないようにしている．

室内と室外に温度差がある場合には，換気に伴い流入する外気を加熱／冷却（暖房／冷房）するエネルギーを必要とするため，冷暖房機器類の負荷が増加する．

$$\text{冷暖房機器類の負荷増加量 [W]} = \text{換気量 [m}^3\text{/s]} \times \text{比熱 [J/(m}^3 \cdot \text{K)]} \times \text{温度差 [K]}$$

排気と流入する外気との間で熱交換を行えば，冷暖房機器類の負荷増加量は熱エネルギーを回収した分だけ低減する．特に，室温と外気温の差が大きくなる冬季（暖房時）に熱交換の効果が期待される．オフィスや店舗で利用されている機器の概要を**図 7.4** に示す．この全熱交換型換気システムは「ロスナイ」[2)] と名付けられ，多く採用されている．熱交換器で吸気と排気を隔てている材料は紙である．紙は金属に比べて熱伝導度が小さいが，空気の熱伝導度は小さく伝熱係数が小さいため，隔壁の熱伝導度は大きな影響を与えない．紙製とすることで，伝熱面積を大きくしやすく，設備が軽量となり，コストダウンできるメリットがある．暖房して加湿した空気が外気に冷された伝熱面に触れると，結露が生じる．この結露水が紙製の隔壁に浸み込み，反対側（外気側）で蒸発する．このようにして，水蒸気も一部が回収される．暖房のみならず加湿に必要なエネルギーも削減でき，省エネルギー性能に優れた換気システムである．

7.5　除湿・加湿

快適な室内環境を作るため，湿度の調整が行われている．湿度（通常用いられている相対湿度）とは，気温あるいは室内温度での飽和水蒸気分圧に対する実際の水蒸気分圧の比を%で表したものである．同じ湿度であっても気温が異なれば，水蒸気分圧は異なる．水分の蒸発速度は，濡れた表面付近と空気中との水蒸気分圧の差におおよそ比例する．肌の表面温度はある程度は高い温度であり，肌表面付近の水蒸気分圧は高めである．冬季は高い湿度が表示されてい

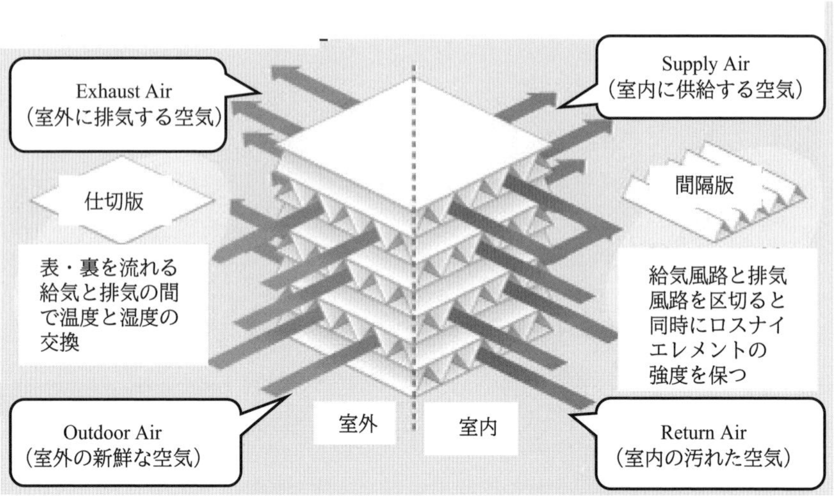

(a) 熱交換器（ロスナイエレメント）の構造

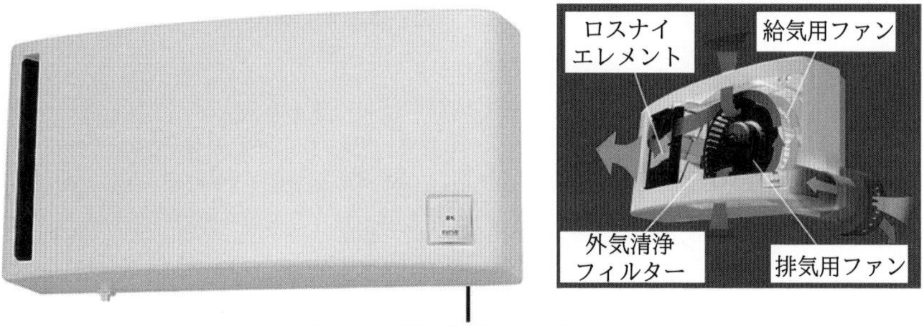

(b) 室内壁面設置する小型のロスナイ

(c) 天井内に設置しダクトで吸排気するロスナイ

図 7.4　全熱交換型換気システム（ロスナイ）

（出典　三菱電機株式会社株式会社 HP：
(https://www.mitsubishielectric.co.jp/ldg/ja/air/products/ventilationfan/about/detail_03.html/)）

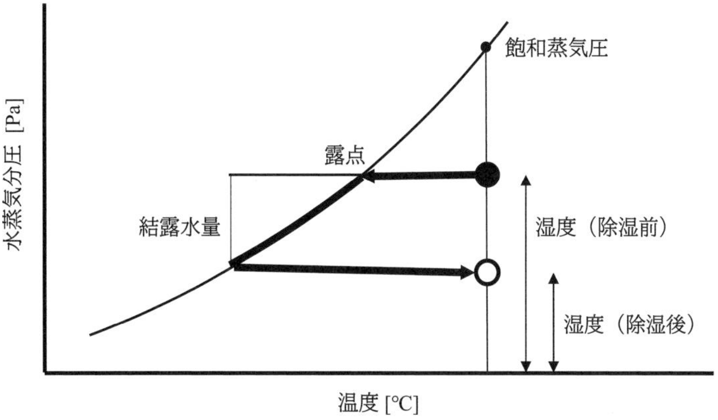

図 7.5 除湿の原理（水の蒸気圧曲線と操作線）

ても水蒸気分圧は低く，肌表面との分圧の差は大きくなりがちである．冬季は肌が乾燥する理由の 1 つである．

大気中の水蒸気量を表すためには，相対湿度は適さない．水蒸気分圧を Pa で表記する場合もあるが，露点を表示する場合が多い．露点とは，大気を冷却していったときに結露が生じ始める温度のことである．水蒸気圧曲線は物性値として決まっているため，露点は水蒸気分圧と 1 対 1 の関係にある．露点は空気中で鏡を冷やしていき，曇りが確認できたときの温度として測定されてきた．湿度センサー等が無かった時代から，測定できる数値であった．

夏季の蒸し暑さを緩和するため等で，除湿が行われる．除湿の原理を**図 7.5** に示す．黒丸の点が多湿の室内空気として，説明する．この空気を冷却していくと，露点に到達して結露が始まる．空気を冷やすために熱エネルギーを除去する必要があり，さらに結露する際には発生する潜熱（蒸発潜熱分が放出される）も除去する必要がある．結露水を排出しながらさらに左角の温度まで冷却する．その温度が露点となるまで，水蒸気分圧が低下する．この空気を加温すると，白丸で示した除湿した空気が得られる．

エアコンの除湿モードでは，室内機（室内側の熱交換器）の冷却面の温度を可能な限り下げ，図の左角の温度を下げて水分排出量を増やしている．除湿する季節は室温も高くなりがちなため，除湿後の冷たい空気を室内に戻しても構わない場合が多い．室温が低下しすぎる場合には，加熱も必要である．冷却面はヒートポンプによって作られているため，室外機から熱を放出している．この熱の一部を除湿後の空気の加熱に用いれば，効率的である．

シリカゲルやゼオライトといった水蒸気を吸着しやすい吸着材を用いた除湿法もある．吸着材が室内の空気と接すると水蒸気を吸着し，湿度を下げることができる．多孔質である吸着材の細孔の表面には水分子が吸着されていく．吸着が進むと，これ以上は吸着できない飽和状態となるため，吸着材の再生が必要となる．吸着材の温度を上げると飽和吸着量が下がり，水分子が脱離してくる．脱離した水は室外や排水経路に排出する．その後，吸着材を室温まで冷やして，再度水蒸気を吸着させる．この，吸着・加熱再生・放冷のサイクルを連続的に行うことにより，連続的に除湿が可能である．

冬季の暖房中の室内等，湿度が低すぎる場合には加湿を行う．外気の相対湿度が高いときでも，水蒸気を追加せずに温度を上げると，室内の相対湿度は低くなる．加湿は水蒸気を追加する操作であり，水を蒸発させれば良い．単純な加湿器は，水を加熱して蒸発させるものである．水に含まれる不純物が蒸発部に濃縮されることに注意が必要である．超音波等で水を霧状にして室内に出すものや，水滴や濡れたフィルターの間に風を送るものがある．この場合，蒸発に必要な熱は室温の空気から供給されるため，その分は暖房負荷となることに留意が必要である．また，特に超音波で霧を発生させる方式においては，加湿用の水に含まれている不純物も室内に撒くこととなる．特に，雑菌を室内に撒かないような注意が必要である．

参考文献

1)　川重冷熱工業株式会社　吸収式冷凍機：
(https://www.khi.co.jp/corp/kte/product/chiller/principle/)

2)　三菱電機　全熱交換型換気システム「ロスナイ」：
(https://www.mitsubishielectric.co.jp/ldg/ja/air/guide/lineup/index.html)
(https://www.mitsubishielectric.co.jp/ldg/ja/air/products/ventilationfan/lossnay/advantage_01.html)

第8章　化学熱力学

8.1　内部エネルギー

内部エネルギー（E）は，系に含まれる構成成分の全エネルギーであり，並進，回転，振動等の運動エネルギーと運動エネルギー以外の分子間の相互作用等に関するポテンシャルエネルギーの合計を内部エネルギーと定義する．ここで系とは，考察の対象とする部分のことであり，系以外のすべてを外界という．たとえば，フラスコ内の反応を考えるときフラスコ内が系となる．

系の変化に伴って生じる内部エネルギーの変化は ΔE と表記される．ΔE は式 (8.1) で示されるように，系の変化における内部エネルギーの初期値（E_i）と最終的な内部エネルギーの値（E_f）の差として定義される．

$$\Delta E = E_f - E_i \tag{8.1}$$

ここで，系において化学変化や物理変化により内部エネルギーが ΔE 変化したとき，系に出入りする熱 q と仕事 w の間の関係は式 (8.2) で示される．

$$\Delta E = q + w \tag{8.2}$$

式 (8.2) は，熱 q と仕事 w は等価であり，孤立系（$q = 0$，$w = 0$）では，内部エネルギーは一定（$\Delta E = 0$）であることを示しており，孤立系の内部エネルギーの総量は一定であるという熱力学第 1 法則を数学的に表現している．ここで孤立系とは，系の外の外界と系の間でエネルギーと物質がいずれも出入りできないような系のことである．

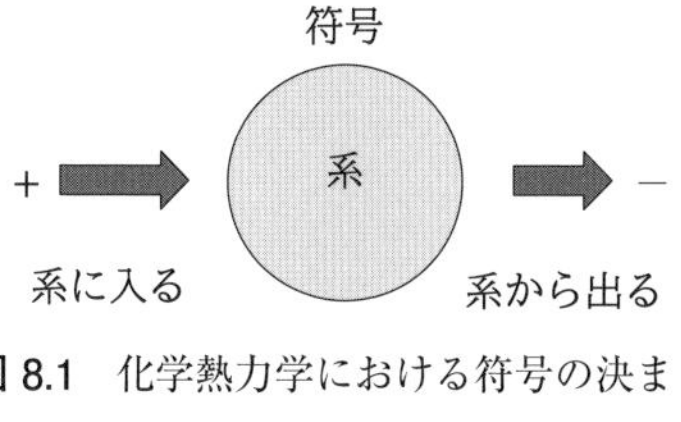

図 8.1　化学熱力学における符号の決まり

ΔE の符号が正のときは，系のエネルギーが増加したことを示し，逆に負のときは系のエネルギーが減少したことを示す．化学熱力学では，**図 8.1** に示すように，系にエネルギーや熱，仕事等が入る場合の符号が正，逆に系から出ていく場合の符号が負であると決められている．

8.2　エネルギーと仕事

エネルギーとは，一般的には何らかの仕事をする能力あるいは熱を伝える能力のことである．また，仕事は，ある力に逆らって物体を動かすために使われるエネルギーである．系がする仕事は，膨張仕事と非膨張仕事の 2 種類に大別される．膨張仕事は *PV* 仕事とも言い，たとえば，ピストンが付いた円筒内で膨張する気体による大気圧に逆らった仕事のように，気体の膨張と収縮を伴う仕事である．一方，体積一定の非膨張仕事は，たとえば，電池内で進行する化学反応で生じる電流による電気的な仕事のような，膨張仕事以外のすべての仕事である．

ここでは，膨張仕事について考える．**図 8.2** に示したようなピストンが付いた円筒内の気体が大気圧に逆らってピストンを押し上げる仕事について考える．まず，仕事 w は物体にかかった力 F と物体が移動した距離 d の積であると定義され，式 (8.3) で示される．

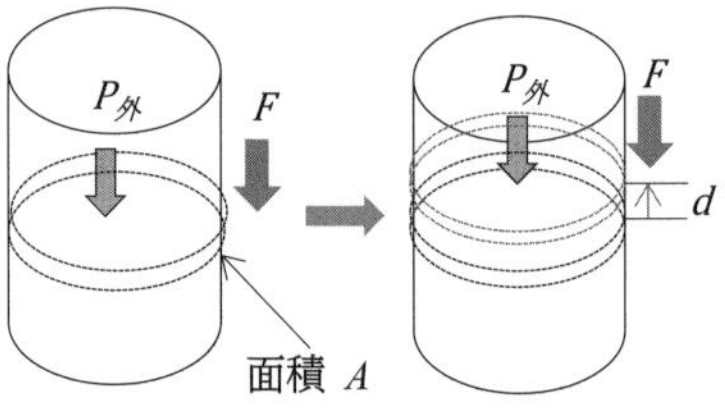

図 8.2　膨張仕事（*PV* 仕事）

$$w = F \times d \tag{8.3}$$

外圧 $P_{外}$ は，面積 A のピストンに F の力を及ぼしている．圧力は単位面積当たりに及ぼす力であるから式 (8.4) で示される．

$$P_{外} = \frac{F}{A} \tag{8.4}$$

したがって，外圧 $P_{外}$ が，面積 A のピストンに及ぼしている力 F は，式 (8.5) で示される．

$$F = P_{外} \times A \tag{8.5}$$

ここで，**図 8.2** に示すようにピストンが内部の気体により距離 d だけ押し上げられたとき，内部の気体の仕事 w は，式 (8.3) と式 (8.5) から，式 (8.6) のように示される．

$$w = P_{外} \times A \times d \tag{8.6}$$

式 (8.6) の $A \times d$ は気体膨張の体積変化 ΔV であるから，式 (8.6) は式 (8.7) のように示される．

$$w = -P_{外}\Delta V \tag{8.7}$$

ここで，圧力 $P_{外}$ はゼロか正の値である．気体の体積が増加すれば $\Delta V > 0$ であり，内部の気体が膨張し，外界に対して仕事をしたことになり，$w < 0$ となるため，負の符号が付いている．一方，気体が収縮すれば，逆に $\Delta V < 0$，$w > 0$ となり，外界が気体（系）に仕事をしたことを意味する．

8.3　エンタルピー

エンタルピー（H）は，式 (8.8) で定義される．

$$H = E + PV \tag{8.8}$$

また，ある変化が一定の圧力で進行するとき，エンタルピー変化 ΔH は式 (8.9) で示される．

$$\begin{aligned} \Delta H &= \Delta(E + PV) \\ &= \Delta E + P\Delta V \quad \text{（圧力一定）} \end{aligned} \tag{8.9}$$

ここで，$\Delta E = q + w$　式 (8.2) と $w = -P\Delta V$　式 (8.7)（式 (8.7) では，外圧 $P_{外}$ と示されているが，P は系の圧力のことである．圧力一定の条件では，外圧 $P_{外}$ と系の圧力 P は等しい）から式 (8.9) は式 (8.10) のように示される．

$$\Delta H = (q + w) - w = q \quad \text{（圧力一定）} \tag{8.10}$$

したがって，エンタルピー変化 ΔH は，圧力一定で膨張仕事のみがなされる条件下で，系に出入りする熱 q を表していると言える．ΔH の符号についても，$\Delta H > 0$ のとき，外界から系に熱が入ってきたことを意味し（**図 8.1** 参照），$\Delta H < 0$ のとき，系から外界へ熱が出て行ったことを意味している．したがって，$\Delta H > 0$ のときは，系に熱が入ってくるため，吸熱，逆に $\Delta H < 0$ のときは，系から熱が出てゆくため，発熱であることを意味している．

8.4　熱容量と比熱

熱容量（C）は，物体の温度を 1 K（1 °C）上昇させるために必要な熱量のことであり，単位として J/K が用いられる．熱容量が大きいほど，一定の温度上昇に必要な熱量が多いことを意味する．また，モル熱容量（C_m）は，物質 1 mol の熱容量 J/mol · K であり，圧力一定条件の場合，定圧モル熱容量，体積一定条件の場合，定積モル熱容量と呼ぶ，さらに比熱容量（C_S）は，物質 1 g の熱容量 J/g · K のことであり，比熱とも呼ばれる．

代表的な物質の比熱を**表 8.1**，水の比熱を**表 8.2** に示す．特に液体の水は他の物質と比べて比熱が大きく，大量の水を加熱するためには，大量の熱が必要であることがわかる．

表 8.1　代表的な物質の比熱

物質	比熱 [J/g · K] (298K)
Al (s)	0.903
Fe (s)	0.449
NaCl (s)	0.864
Hg (l)	0.139
N_2 (g)	1.039
CH_4 (g)	2.225
CO_2 (g)	0.843

（出典：渡辺正　訳，アトキンス一般化学（上），東京化学同人（2014）付録 2）

表 8.2　水の比熱

温度 [°C]	比熱 [J/g · K]
−3 °C（氷）	2.092
25 °C（水）	4.184
100 °C（水蒸気）	1.841

（出典：荻野和子　監訳，ブラウン一般化学 I，丸善出版（2015）付録 B ）

物質の比熱 C_S は，一定の熱量 q が出入りするときに生じる温度変化（ΔT）とその物質の質量 m から式 (8.11) により実験的に求められる．

$$C_S = \frac{q}{m \times \Delta T} \tag{8.11}$$

したがって，ある物質が得るあるいは失う熱量 q は物質の質量 m，温度変化 ΔT，比熱 C_S を用いて式 (8.12) により計算できる．

$$q = C_s \times m \times \Delta T \tag{8.12}$$

圧力一定の条件の場合，エンタルピーの定義のとおり，求められる熱量 q はエンタルピー変化 ΔH である．また，体積一定の条件の場合，求められる熱量 q は，内部エネルギー変化 ΔE に相当する．$\Delta E = q + w$ 式 (8.2) において，体積一定の条件の場合は，膨張仕事がなく $w = 0$ であるため $\Delta E = q$ となる．

例題 8.1　比熱の計算

100.0 g の水を 1.000 K 上昇させるのに必要な熱量が 418.4 J であるとき，水の比熱 C_S を計算しなさい．

（解）

水の比熱 C_S は式 (8.11) を用いて次のように計算される．

$$C_s = \frac{418.4\,[\mathrm{J}]}{100.0\,[\mathrm{g}] \times 1.000\,[\mathrm{K}]} = 4.184\,[\mathrm{J/g \cdot K}]$$

ここで求めた水の比熱 4.184 J/g · K はカロリーの定義（1 g の水を 14.5 °C から 15.5 °C に上昇させるために必要なエネルギー量で 1 cal = 4.184 J）として使われている．

8.5　燃焼熱の測定

物質の燃焼により放出される燃焼熱は，ボンベ熱量計（定容熱量計）を用いて測定することができる．ボンベ熱量計の装置の概要を**図 8.3** に示す．測定試料を酸素とともにボンベと呼ばれる体積一定の密閉容器内に入れ，正確に計量された水で満たされた熱量計槽（内筒）内に設置する．試料は電気的に点火され，発生した熱が熱量計槽内の水の温度を上昇させる．この温度上昇を正確に測定することで，試料の燃焼熱を求めることができる．ボンベ熱量計では，体積一定条件で測定されるため，エンタルピー変化 ΔH ではなく，内部エネルギー変化 ΔE が求められる．また，測定された温度上昇から燃焼熱を求めるためには，熱量計の全熱容量（C_{cal} [kJ/°C]）等を求めておく必要がある．

ボンベ熱量計により測定された温度上昇 ΔT から燃焼熱 q_r（体積一定）は式 (8.13) により計算される．

$$q_r = -C_{cal} \times \Delta T \tag{8.13}$$

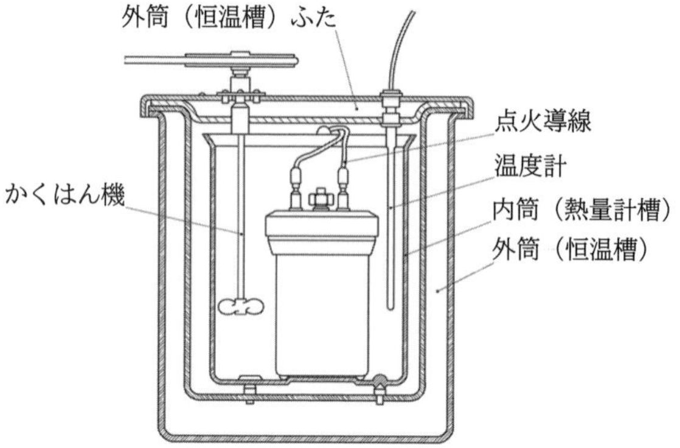

図 8.3　ボンベ熱量計の概要

（出典：JIS M8814 石炭類及びコークス類－ボンブ熱量計による
総発熱量の測定方法及び真発熱量の計算方法）

ここで系（ボンベ内）が放出する燃焼熱 q_r と熱量計が受け取る熱 $q_{計}$ の関係は $q_r = -q_{計}$ となる．発熱反応の場合は，$\Delta T > 0$ となるため $q_r < 0$ となる．

例題 8.2　燃焼熱の測定

エタノール 0.100 g をボンベ熱量計で燃焼させたところ，熱量計の温度は 5.40 °C 上昇した．熱量計の熱容量は 551 J/°C であるとして，測定されたエタノール 1 g の燃焼熱 kJ/g を計算しなさい．

（解）

エタノール 0.100 g の燃焼による熱量計の温度変化 ΔT = 5.40 °C とすると，ボンベ熱量計の熱容量が 551 J/°C であることから，式 (8.13) を用いて

$$q_r = -C_{cal} \times \Delta\ T = -551\,[\mathrm{J/°C}] \times 10^{-3} \times 5.40\,[\mathrm{°C}] = -2.98\,[\mathrm{kJ}]$$

燃焼させたエタノールは 0.100 g であることから，エタノールの燃焼熱は

$$-\frac{2.98\,[\mathrm{kJ}]}{0.100\,[\mathrm{g}]} = -29.8\,[\mathrm{kJ/g}]$$

と求められる．

●コラム 発熱量

ボンベ熱量計で測定される燃焼熱は，定容総発熱量である．定容総発熱量は，体積一定の条件下で，単位質量の燃料を酸素中で燃焼させたときの燃焼熱の絶対値であり，燃焼の結果生成する水分はすべて液体状態となる．しかし，実際には，燃料は圧力一定（大気圧）下で燃焼され，水分は凝縮せずに排ガスとともに水蒸気として除去されることから，重要な意味をもつ燃焼熱は，燃料の定圧真発熱量である．定圧真発熱量は，圧力一定の酸素中で単位質量の燃料を燃焼させ，燃焼の結果生成する水分は，すべて水蒸気として残留したときのエンタルピーの絶対値である．

また高（位）発熱量（HHV: Higher Heating Value）や低（位）発熱量という呼び方もある．高（位）発熱量は総発熱量のことであり，燃焼ガス中の生成水蒸気が凝縮したときに得られる凝縮潜熱（2.44 kJ/g[25°C，1 気圧]）を含めた発熱量である．通常，石炭の発熱量とは，総発熱量を意味すると日本工業規格 JIS M0104 で規定されている．

8.6 エントロピー

エントロピー（S）は，分子論的な乱雑さ（無秩序さ）を示す量であり，乱雑さが低い（秩序が高い）とエントロピーが小さく，乱雑さ（無秩序さ）が高いとエントロピーが大きい．系の温度 T [K] が一定である系において，可逆過程で熱 q_{rev} が移動したときの系のエントロピー変化 ΔS は式 (8.14) で定義される．

$$\Delta S = \frac{q_{rev}}{T} \qquad (8.14)$$

エントロピーの単位は J/K である．熱 q_{rev} は，可逆過程において移動した熱を表している．可逆過程とは，**図 8.4** に示したように系がある状態（A）から他の状態（B）へ移った後，外界に何の変化も残さずに何らかの方法で元の状態に戻ることができる過程である．一方，可逆ではない過程を不可逆過程という．

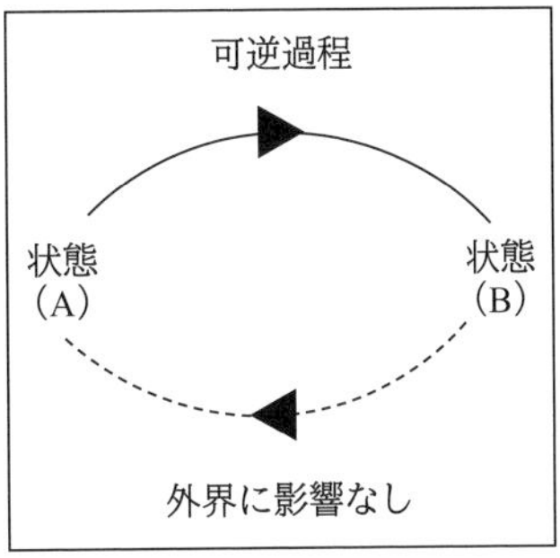

図 8.4 可逆過程

実際に観測される過程は，すべて不可逆過程であるが，可逆過程は思考実験的に重要であり，無限にゆっくり平衡状態を維持したまま変化する過程（準静的過程）である．

不可逆過程では，系と外界を合わせた宇宙全体（孤立系）のエントロピーは増加し，可逆過程では，エントロピー変化はゼロとなる．これは，熱力学第 2 法則として知られている．また，自発的な変化は不可逆過程であるため，自発変化では，全体（孤立系）のエントロピーは増加すると表現することもできる．自発変化とは，外部からの影響がなくてもひとりでに進行する変化である．自発変化は 1 方向へ進行し，その逆過程は非自発的であり，非自発的な変化は外界が系に対して仕事を行う場合に進行する．したがって，自発変化は不可逆過程である．

8.7　ギブズエネルギー

ギブズエネルギー（G）は，ある化学反応が自発的に変化するかどうかを予測するために役立ち，式 (8.15) で定義される．

$$G = H - TS \tag{8.15}$$

また，ある反応が一定の温度で進行するとき，ギブズエネルギー変化 ΔG は式 (8.16) で示される．

$$\Delta G = \Delta H - T\Delta S \quad \text{（温度一定）} \tag{8.16}$$

ギブズエネルギー変化 ΔG の符号は，等温等圧過程における反応の自発性に関係している．一定の温度，圧力下で起こる過程（等温等圧過程）において，系と外界を合わせた総エントロピー変化 ΔS_{total} は式 (8.17) のように示される．

$$\Delta S_{total} = \Delta S_{sys} + \Delta S_{surr} \tag{8.17}$$

ここで，ΔS_{sys} と ΔS_{surr} は，それぞれ系と外界のエントロピー変化のことである．温度一定の条件下における外界のエントロピー変化 ΔS_{surr} は，式 (8.14) から式 (8.18) のように示される．

$$\Delta S_{surr} = \frac{-q_{sys}}{T} \tag{8.18}$$

q_{sys} は系から出入りする熱を意味しており，熱は系から外界に，あるいは逆の方向に移動するため，外界から出入りする熱 q_{surr} と系から出入りする熱 q_{sys} との関係は，$q_{surr} = -\ q_{sys}$ と表される．式 (8.18) は，外界を中心に考えた式であることから，q_{sys} の符号が負となっている．さらに，圧力一定の条件下においては，式 (8.10) より，q_{sys} は ΔH_{sys} に等しいため，式 (8.18) は，式 (8.19) のように示される．

$$\Delta S_{surr} = \frac{-\Delta H_{sys}}{T} \quad (温度，圧力一定) \tag{8.19}$$

したがって，式 (8.17) と式 (8.19) より，系と外界を合わせた総エントロピーは，式 (8.20) のように示される．

$$\Delta S_{total} = \Delta S_{sys} + \left(\frac{-\Delta H_{sys}}{T}\right) \tag{8.20}$$

ここで式 (8.20) の両辺に $-T$ を乗じると，式 (8.21) となる．

$$\begin{aligned} -T\Delta S_{total} &= -T\Delta S_{sys} + \Delta H_{sys} \\ &= \Delta H_{sys} - T\Delta S_{sys} \end{aligned} \tag{8.21}$$

式 (8.16) と式 (8.21) を見比べると，ギブズエネルギー変化 ΔG は $-T\Delta S_{total}$ に等しいことがわかる．ΔS_{total} は，系と外界を合わせた総エントロピー変化であるため，熱力学第 2 法則により，自発変化では，$\Delta S_{total} > 0$，$-T\Delta S_{total} < 0$ となる．つまり，ΔG は，等温等圧過程における反応の自発性に関係しており，以下のようにまとめることができる．

$\Delta G < 0$ のとき，反応は自発的

$\Delta G > 0$ のとき，反応は非自発的

$\Delta G = 0$ のとき，反応は平衡状態

8.8　標準状態における変化

エンタルピー変化 ΔH，エントロピー変化 ΔS，ギブズエネルギー変化 ΔG を示すときは，反応物や生成物の固体，液体，気体等の物理的状態（s, l, g）を

明記する他に，温度と圧力の指定も必要になる．さまざまな反応を比較するために，同じ基準で表すように熱力学的標準状態が定義されている．通常 25 °C (298 K)，圧力 1 bar を標準状態とすることが国際的に決められている．従来は圧力 1 atm（=1.01325 bar）が使われていたが，その差はわずかであるため，現在も多くの教科書で 1 atm を用いている．溶液の場合は，1 mol/L の濃度を標準状態とみなす．標準エンタルピー変化 ΔH°，標準エントロピー変化 ΔS°，標準ギブズエネルギー変化 ΔG° は，いずれも生成物と反応物がすべて標準状態にあるときの変化として定義されており，° の印が標準状態を意味している．

標準状態にある化合物 1 mol が標準状態にある構成元素の（最も安定な状態の）単体から生成するときの標準エンタルピー変化 ΔH° と標準ギブズエネルギー変化 ΔG° をそれぞれ標準生成エンタルピー ΔH°_f と標準生成ギブズエネルギー ΔG°_f と呼び，単位としていずれも kJ/mol が用いられる．また，定義により，最も安定な状態の単体の標準生成エンタルピーおよび標準生成ギブズエネルギーはいずれもゼロである．

標準状態にある物質 1 mol のエントロピーを標準モルエントロピー S° と呼び，単位として J/(mol · K)（kJ ではないことに注意）が用いられる．純物質の完全な結晶のエントロピーは絶対零度（0 K）でゼロである．これを熱力学第 3 法則と言う．

任意の化学反応における標準エンタルピー変化 ΔH°，標準ギブズエネルギー変化 ΔG° と標準エントロピー変化 ΔS° は，それぞれ，標準生成エンタルピー ΔH°_f，標準生成ギブズエネルギー ΔG°_f，標準モルエントロピー S° を用いて式 (8.22)～(8.24) により，求めることができる．

$$\Delta H^\circ = \sum n\Delta H^\circ_f(\text{生成物}) - \sum m\Delta H^\circ_f(\text{反応物}) \tag{8.22}$$

$$\Delta G^\circ = \sum n\Delta G^\circ_f(\text{生成物}) - \sum m\Delta G^\circ_f(\text{反応物}) \tag{8.23}$$

$$\Delta S^\circ = \sum nS^\circ(\text{生成物}) - \sum mS^\circ(\text{反応物}) \tag{8.24}$$

ここで $\sum$ は総和，n と m は化学反応式におけるそれぞれの物質の係数を表している．

例題 8.3　水素の燃焼反応の標準ギブズエネルギー変化の計算

次に示す水素の燃焼反応の 25 °C（298 K）における標準ギブズエネルギー変化 ΔG° を計算しなさい．ただし，各物質の標準生成ギブズエネルギ $-\Delta G_f^\circ$ として次の数値を用いなさい．

$$H_2(g) + \frac{1}{2}O_2(g) \rightarrow H_2O(l)$$

$\Delta G_f^\circ\,[H_2(g)] = \Delta G_f^\circ\,[O_2(g)] = 0\,\mathrm{kJ/mol}$

（標準状態で最も安定な状態の単体の ΔG_f° はゼロ）

$\Delta G_f^\circ\,[H_2O(l)] = -237.13\,\mathrm{kJ/mol}$

（解）

式 (8.23) より，すべての生成物の ΔG_f° の総和とすべての反応物の ΔG_f° の総和の差から求めたい反応の ΔG° を求めることができる．

$$\Delta G^\circ = \underset{\text{（生成物の総和）}}{1 \times (-237.13\,[\mathrm{kJ/mol}])} - \underset{\text{（反応物の総和）}}{\{(1 \times 0\,[\mathrm{kJ/mol}]) + (1/2 \times 0\,[\mathrm{kJ/mol}])\}}$$

$$= -237.13\,[\mathrm{kJ/mol}]$$

また，水素の燃焼反応について係数のみが異なる以下の式についても同様に計算する．

$$2H_2(g) + O_2(g) \rightarrow 2H_2O(l)$$

$$\Delta G^\circ = 2 \times (-237.13\,[\mathrm{kJ/mol}]) - (2 \times 0\,[\mathrm{kJ/mol}]) + (1 \times 0\,[\mathrm{kJ/mol}])$$
$$= -474.26\,[\mathrm{kJ/mol}]$$

反応式のすべての係数が 2 倍になっただけの反応に対して ΔG° の値は 2 倍違うことがわかる．したがって，ΔH°，ΔG°，ΔS° を表記する際には化学反応式も一緒に示す必要がある．

8.9　非標準状態におけるギブズエネルギー変化

標準ギブズエネルギー変化 ΔG° は，反応物と生成物の両方が標準状態で存在するときのギブズエネルギーを示しているが，実際に起こる化学反応では，反応の進行により分圧や濃度が変化するため，反応物と生成物がすべて標準状態とは限らない．反応物と生成物が標準状態以外の状態（温度一定）で進行する反応のギブズエネルギー変化 ΔG は式 (8.25) で示される（式 (8.25) の導出は 8.11 節を参照）．

$$\Delta G = \Delta G^{\circ} + RT \ln Q \tag{8.25}$$

ここで，R は気体定数で 8.314 J/(mol · K)，T は絶対温度 K，Q は反応混合物の反応商である．たとえば，以下のような化学反応式に対して反応商 Q は式 (8.26) で示される．

$$a\mathrm{A} + b\mathrm{B} \rightleftarrows d\mathrm{D} + e\mathrm{E}$$

（反応物）　　（生成物）

$$Q = \frac{(P_D)^d (P_E)^e}{(P_A)^a (P_B)^b} \tag{8.26}$$

ここで P_A，P_B，P_D，P_E は反応物 A と B および生成物 D と E の分圧である．

標準状態においては，反応物と生成物のすべての分圧が 1 であるため，反応商 $Q = 1$ となり，$\ln Q = 0$ となるから，標準状態における ΔG は ΔG° と等しくなる．

8.10　熱力学の関係式

内部エネルギーの微小変化 dE は式 (8.2) より，式 (8.27) のように表される．

$$dE = dq + dw \tag{8.27}$$

ここで，一定温度，一定圧力下における可逆過程の状態変化を考えると，熱の微小変化 dq はエントロピーの定義式 (8.14) より，式 (8.28) のように表される．

$$dq = TdS \tag{8.28}$$

また，仕事の微小変化 dw は，圧力一定下の体積変化による膨張仕事のみの場合，式 (8.7) より，式 (8.29) のように表される．

$$dw = -PdV \tag{8.29}$$

式 (8.27) に式 (8.28)，(8.29) を代入すると，式 (8.30) のようになる．

$$dE = TdS - PdV \tag{8.30}$$

したがって，エントロピー S と体積 V がそれぞれ dS と dV だけ微小変化したとき, 内部エネルギーがどれ位微小変化 dE するかを表す式が得られたことになる．

また，エンタルピーの微小変化 dH はエンタルピーの定義式 (8.8) より，式 (8.31) のように表される．

$$\begin{aligned} dH &= dE + d(PV) \\ &= dE + (PdV + VdP) \end{aligned} \tag{8.31}$$

式 (8.31) に式 (8.30) を代入すると，式 (8.32) のようになる．

$$\begin{aligned} dH &= (TdS - PdV) + (PdV + VdP) \\ &= TdS + VdP \end{aligned} \tag{8.32}$$

したがって，今度は，エントロピー S と圧力 P がそれぞれ dS と dP だけ微小変化したとき, エンタルピーがどれ位微小変化 dH するかを表す式が得られたことになる．

さらに，ギブズエネルギーの微小変化 dG は，式 (8.15) から式 (8.33) のように表される．

$$\begin{aligned} dG &= dH - d(TS) \\ &= dH - (TdS + SdT) \end{aligned} \tag{8.33}$$

式 (8.33) に式 (8.32) を代入すると，式 (8.34) のようになる．

$$\begin{aligned} dG &= (TdS + VdP) - (TdS + SdT) \\ &= VdP - SdT \end{aligned} \tag{8.34}$$

したがって，今度は，圧力 P と温度 T がそれぞれ dP と dT だけ微小変化したとき, ギブズエネルギーがどれ位微小変化 dG するかを表す式が得られたことになる．

● コラム　$d(PV) = PdV + VdP$ および $d(TS) = TdS + SdT$ の計算

式 (8.31) および式 (8.33) では，$d(PV) = PdV + VdP$ および $d(TS) = TdS + SdT$ のように示した．$d(PV) = PdV + VdP$ の計算を詳しく書くと，以下のようになる．

$$d(PV) = (P + dP)(V + dV) - PV = PdV + VdP + dPdV$$

$dPdV$ は微小量同士の積であり極微小量であるため，$d(PV) = PdV + VdP$ となる．

あるいは積の微分 $(f \cdot g)' = f' \cdot g + f \cdot g'$ と同様と考えても良い．

8.11　圧力変化によるギブズエネルギー変化

温度一定の条件において，膨張や圧縮により，系の圧力が変化したときのギブズエネルギー変化を求める．$dG = VdP - SdT$　式 (8.34) において，温度一定（$dT = 0$）のとき，式 (8.35) で示される．

$$dG = VdP \tag{8.35}$$

理想気体を考えると，状態方程式（$PV = nRT$）より $V = \dfrac{nRT}{P}$ であるから，たとえば，圧力 P_1 の状態から圧力 P_2 の状態に変化したときの，ギブズエネルギー変化 $\varDelta G$ は式 (8.36) で示される．

$$\varDelta G = \int_{P_1}^{P_2} VdP = nRT \int_{P_1}^{P_2} \frac{1}{P} dP = nRT \ln \frac{P_2}{P_1} \tag{8.36}$$

ここで，圧力 P_1 の状態のギブズエネルギーを $G(P_1)$，圧力 P_2 の状態のギブズエネルギーを $G(P_2)$ とすると，ギブズエネルギー変化 $\varDelta G$ は式 (8.36) と合わせて式 (8.37) で表される．

$$\varDelta G = G(P_2) - G(P_1) = nRT \ln \frac{P_2}{P_1} \tag{8.37}$$

圧力 P_1 を標準状態 1 bar として，$G(P_1)$ を G° と表し，圧力 P_2 を P として，$G(P_2)$ を G と表すと，式 (8.37) は式 (8.38) のように表される．

$$\varDelta G = G - G^\circ = nRT \ln \frac{P}{1}$$

$$G = G^\circ + nRT \ln P \tag{8.38}$$

ここで理想気体 A，B，D，E について次のような反応を考える．

$$aA + bB \rightarrow dD + eE$$

反応物 A と B の分圧をそれぞれ P_A，P_B とすると，反応物のギブズエネルギーの総和は，式 (8.39) のように表される．

$$\begin{aligned} G(\text{反応物}) &= G^\circ(\text{反応物}) + aRT \ln P_A + bRT \ln P_B \\ &= G^\circ(\text{反応物}) + RT \ln(P_A{}^a P_B{}^b) \end{aligned} \tag{8.39}$$

また同様に生成物 D と E についても式 (8.40) のように表される．

$$G(\text{生成物}) = G^\circ(\text{生成物}) + RT \ln (P_D{}^d P_E{}^e) \tag{8.40}$$

したがって，この反応のギブズエネルギー変化 $\varDelta G$ は生成物のギブズエネルギーの総和と反応物のギブズエネルギーの総和の差で表されるから，式 (8.41) に示したように式 (8.40) と式 (8.39) の差となる．

$$\begin{aligned} \varDelta G &= \left\{G^\circ(\text{生成物}) + RT \ln\left(P_D{}^d P_E{}^e\right)\right\} - \left\{G^\circ(\text{反応物}) + RT \ln\left(P_A{}^a P_B{}^b\right)\right\} \\ &= \varDelta G^\circ + RT \ln\left(\frac{P_D{}^d P_E{}^e}{P_A{}^a P_B{}^b}\right) \end{aligned} \tag{8.41}$$

ここで，$\dfrac{P_D{}^d P_E{}^e}{P_A{}^a P_B{}^b}$ は反応商 Q であるから，式 (8.41) は $\varDelta G = \varDelta G^\circ + RT \ln Q$ と表され，式 (8.25) と等しくなる．

8.12　ギブズエネルギーと非膨張仕事

ギブズエネルギー変化は，その変化の過程が温度一定，圧力一定で進行するときに取り出すことができる非膨張仕事の最大値を表している．非膨張仕事とは，膨張仕事以外の仕事すべてを意味し，たとえば，電気的仕事が非膨張仕事に該当する．なぜ，ギブズエネルギーが非膨張仕事の最大値を表しているかについて，以下で導く．

ギブズエネルギーの定義式 (8.15) からギブズエネルギーの微小変化は式 (8.42) で表される．

$$dG = dH - TdS \quad （温度一定） \tag{8.42}$$

また，式 (8.9) からエンタルピーの微小変化は式 (8.43) のように表される．

$$dH = dE + PdV \quad （圧力一定） \tag{8.43}$$

さらに，内部エネルギーの微小変化は，式 (8.2) より，式 (8.27) のように表される

$$dE = dw + dq \tag{8.27}$$

したがって，式 (8.42) の dH に式 (8.43) を，式 (8.43) の dE に式 (8.27) を代入すると式 (8.44) のようになる．

$$dG = \{(dw + dq) + PdV\} - TdS \quad （温度，圧力一定） \tag{8.44}$$

ここで，求めたい仕事の最大値は，可逆過程において得られることを考慮して，可逆過程における dw と dq をそれぞれ，dw_{rev}，dq_{rev} のように表すと，式 (8.44) は式 (8.45) のように表される．

$$dG = dw_{rev} + dq_{rev} + PdV - TdS \quad （温度，圧力一定） \tag{8.45}$$

また，エントロピーの定義式 (8.14) から式 (8.46) のように dq_{rev} を表すことができる．

$$dS = \frac{dq_{rev}}{T}$$
$$dq_{rev} = TdS \quad （温度一定） \tag{8.46}$$

したがって，式 (8.46) を式 (8.45) に代入すると式 (8.47) が得られる．

$$\begin{aligned} dG &= dw_{rev} + TdS + PdV - TdS \\ &= dw_{rev} + PdV \quad （温度，圧力一定） \end{aligned} \tag{8.47}$$

さらに，仕事は，膨張仕事と非膨張仕事の 2 つであるから dw_{rev} は式 (8.48) のように表される．

$$dw_{rev} = dw_{rev}(非膨張) + dw_{rev}(膨張) \tag{8.48}$$

膨張仕事は，式 (8.7) で表されるため，dw_{rev}(膨張) は式 (8.49) で表される．

$$dw_{rev}(\text{膨張}) = -PdV \qquad (8.49)$$

（注：可逆過程においては，系の圧力 P は外圧 $P_{外}$ に等しい．）

したがって，式 (8.49) を式 (8.48) に代入すると式 (8.50) が得られる．

$$dw_{rev} = dw_{rev}(\text{非膨張}) - PdV \qquad (8.50)$$

さらに，式 (8.50) を式 (8.47) に代入すると，式 (8.51) のように表される．

$$\begin{aligned} dG &= (dw_{rev}(\text{非膨張}) - PdV) + PdV \\ &= dw_{rev}(\text{非膨張}) \quad （温度，圧力一定） \end{aligned} \qquad (8.51)$$

式 (8.51) を有限の変化に描き直すと，式 (8.52) のように表される．

$$\Delta G = w(\text{非膨張，最大}) \quad （温度，圧力一定） \qquad (8.52)$$

（注：dw_{rev}(非膨張) は可逆過程であるため，系がする非膨張仕事の最大値を表す．）

式 (8.52) は，温度，圧力一定の条件下におけるギブズエネルギー変化が，非膨張仕事の最大値に等しいことを表している．

8.13　起電力とギブズエネルギー

電位差 ΔE に対して低電位から高電位に移動する電子 n [mol] がする電気的な仕事（非膨張仕事の 1 つ）は，電子の総電荷と電位差 ΔE の積で表される．つまり，1 C の電荷が 1 V の電位差を移動したとき 1 J（= CV）が放出され，電気的仕事として使うことができる．

n [mol] の電子がもつ総電荷は，電子 1 個の電荷（$-e$）とアボガドロ数 N_A の積 $-neN_A$ で表される．ここで eN_A は電子 1 mol の電荷の絶対値を意味し，これをファラデー定数 F という．ファラデー定数は式 (8.53) で計算される．

$$F = eN_A = 1.602176 \times 10^{-19}\,[\text{C}] \times 6.0221 \times 10^{23}[1/\text{mol}] = 9.6485 \times 10^{4}[\text{C/mol}] \qquad (8.53)$$

したがって，電位差 ΔE に対して低電位から高電位に移動する n [mol] の電子がする電気的な仕事（非膨張仕事）は式 (8.54) で表される．

$$w(\text{非膨張}) = -neN_A[\mathrm{C}] \times \Delta E[V] = -nF\Delta E \tag{8.54}$$

また，式 (8.52) と式 (8.54) から式 (8.55) が得られる．

$$\Delta G = -nF\Delta E = -nFE_{cell} \tag{8.55}$$

ここで，電池の 2 つの電極間の電位差 ΔE は，電池電位 E_{cell} と呼ばれ，また，この電位差は外部回路に電子を押し出す駆動力であるため起電力と呼ばれている．式 (8.55) は，電池の起電力と電池の反応におけるギブズエネルギー変化の関係を表す式である．さらに，電池の反応において反応物と生成物のすべてが標準状態のとき，式 (8.55) は式 (8.56) で表される．

$$\Delta G^\circ = -nFE^\circ_{cell} \tag{8.56}$$

ここで E°_{cell} は電池の標準起電力であり，式 (8.56) を変形して式 (8.57) のように表される．

$$E^\circ_{cell} = \frac{\Delta G^\circ}{-nF} \tag{8.57}$$

また，非標準状態における起電力を求めるためには，非標準状態におけるギブズエネルギー変化を求める式 (8.25) に式 (8.55)，(8.56) を代入すると式 (8.58) が得られる．

$$-nFE_{cell} = -nFE^\circ_{cell} + RT\ln Q \tag{8.58}$$

式 (8.58) を変形すると式 (8.59) のように表される．

$$E_{cell} = E^\circ_{cell} - \frac{RT}{nF}\ln Q \tag{8.59}$$

式 (8.59) は，ネルンストの式と呼ばれている．式 (8.59) の自然対数を常用対数に変換し，温度 298 K で気体定数 R とファラデー定数 F に数値を代入すると式 (8.60) のように簡略化される．

$$E_{cell} = E^\circ_{cell} - \frac{0.0592}{n}\log Q \tag{8.60}$$

参考文献

1) 荻野和子　監訳，ブラウン一般化学 I・II，丸善出版（2015）

2) 渡辺正　訳，アトキンス一般化学（上）・（下），東京化学同人（2014）

3) 荻野博，山本学，大野公一，マクマリー一般化学（上）・（下），東京化学同人（2010）

4) 原田義也，化学熱力学，裳華房（2012）

5) 油井宏治，化学熱力学入門，オーム社（2013）

第9章　化学エネルギーと電池

9.1　化学エネルギーと電池

化学エネルギー（化学的エネルギー）とは，化学結合として物質に蓄えられているエネルギーのことであり，化学変化等に伴い熱，光，電気等のエネルギーに変換される．たとえば，化石燃料等の燃焼（化学反応）により，化石燃料に保有されている化学エネルギーが熱エネルギーに変換，あるいは，燃料電池を用いた水素と酸素の反応により，化学エネルギーが電気エネルギーに変換される．

化学エネルギーを直接電気的エネルギーに変換する装置が電池である．電池は，1 次電池と 2 次電池に分類される．1 次電池は，充電が不可能であり，各種乾電池がこれに該当する．一方，2 次電池は充電可能で繰り返し利用できる電池であり，鉛蓄電池，ニッケル・カドミウム（ニカド）電池，ニッケル・水素電池，リチウムイオン電池等があり，いずれも密封された構造で，反応物は電池内に内蔵されている．一方，反応物が外部から供給される電池は，燃料電池と呼ばれる．

電池は，酸化反応が起こる電極であるアノード（電池の場合は負極）と還元反応が起こる電極であるカソード（電池の場合は正極）からなり，自発的に起こる酸化還元反応を利用して電流を得る．また，1 つの電極を溶液に浸したものを半電池と呼び，2 つの異なる半電池を組み合わせることで電池となる．

9.2　ガルバニ電池（ボルタ電池）

酸化剤と還元剤の間の電子の授受を直接ではなく，外部回路等を通して行うのが電気化学セルであり，ガルバニ電池（ボルタ電池）は，自発的に起こる酸化還元反応で放出される電気エネルギーを使用するための電気化学セルである．

英国の化学者ダニエルが 1836 年に発表したダニエル電池の概要を**図 9.1** に

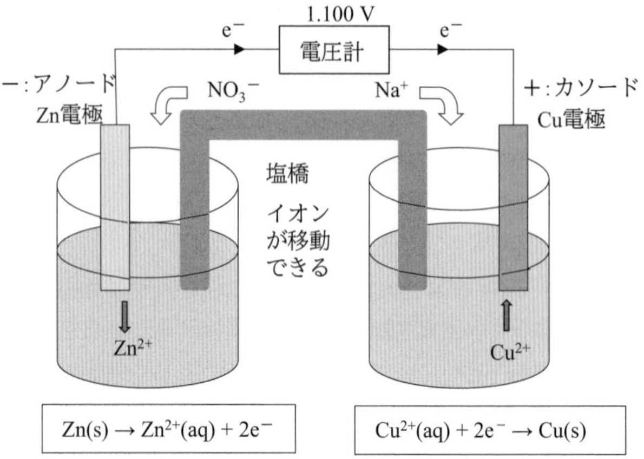

図 9.1　ダニエル電池（ガルバニ電池）

示す．ダニエル電池は，亜鉛板を浸した硫酸亜鉛水溶液からなる半電池と銅板を浸した硫酸銅水溶液からなる半電池で構成され，各半電池の電極である亜鉛板と銅板は導線で接続されている．また，各半電池の水溶液を塩橋が繋いでいる．塩橋は，濃厚電解質溶液を寒天等のゲルとして固めたものであり，半電池内の他のイオンや電極と反応しない硝酸ナトリウム等が電解質として使われる．ダニエル電池では，亜鉛電極は酸化反応が起きるアノード（電池であるため負極）であり，銅電極は還元反応が起きるカソード（電池であるため正極）である．アノードでは金属の亜鉛（Zn）が酸化されると，亜鉛イオン（Zn^{2+}）となり，硫酸亜鉛水溶液中に溶出するとともに，電子（e^-）が放出され，外部回路を通じてカソードへ移動する．カソードでは，アノードから移動してきた e^- が硫酸銅水溶液中の銅イオン（Cu^{2+}）を還元し，金属の銅（Cu）が銅電極上に析出する．また，2 つの半電池の水溶液中の電気的中性を維持するため，硫酸亜鉛水溶液に硝酸イオン（NO_3^-），硫酸銅水溶液にナトリウムイオン（Na^+）が塩橋から供給される．ダニエル電池の反応をまとめると次のように示される．

$$\text{アノード：} Zn(s) \rightarrow Zn^{2+}(aq) + 2e^-$$

$$\text{カソード：} Cu^{2+}(aq) + 2e^- \rightarrow Cu(s)$$

$$\text{全体の反応：} Zn(s) + Cu^{2+}(aq) \rightarrow Zn^{2+}(aq) + Cu(s)$$

9.3 電池の起電力

電池の 2 つの電極間の電位差は，電池電位 E_{cell} と呼ばれ，また，この電位差は外部回路に電子を押し出す駆動力であるため起電力や電池の電圧と呼ばれている．起電力の大きさは，電池反応に関与する水溶液の濃度や温度によっても変化する．したがって，通常，25 °C（298 K）で電池反応に関与する水溶液の濃度が 1 mol/L（気体の場合は 1 bar）の標準状態における起電力を標準起電力（標準電池電位）E°_{cell} と呼ぶ．

電池の標準起電力 E°_{cell} は，式 (9.1) に示したように 2 つの半電池の還元反応の電位である標準還元電位（標準電極電位）E°_{red} の差で求められる．

$$E^\circ_{cell} = E^\circ_{red}(\text{カソード}) - E^\circ_{red}(\text{アノード}) \tag{9.1}$$

さまざまな半電池の標準還元電位は直接測定することができないため，基準（0 V）となる半電池を設定し，その基準となる半電池に対する相対的な電位を各半電池の標準還元電位としている．基準となる半電池としては，標準水素電極（standard hydrogen electrode: S. H. E.）が用いられている．標準水素電極は，標準状態の水素ガス（H_2）(1 bar) と水素イオン（H^+）(1 mol/L = 1 M) と白金電極で構成される電極であり，次に示す標準水素電極の標準状態における水素イオン（H^+）から水素ガスへの還元反応の標準還元電位 E°_{red} を 0 V と定義している．また，標準水素電極は対になる半電池次第で電池のアノードとしてもカソードとしても機能する．

$$2H^+(aq, 1M) + 2e^- \rightarrow H_2(g, 1\,bar)$$

たとえば，**図 9.2** に示すような亜鉛板を浸した亜鉛イオン水溶液からなる半電池と標準水素電極で構成されるガルバニ電池の場合，アノードでは金属の亜鉛（Zn）が酸化され，亜鉛イオン（Zn^{2+}）となり，水溶液中に溶出するとともに，電子（e^-）が放出され，外部回路を通じてカソードへ移動する．カソードでは，アノードから移動してきた e^- が水溶液中の水素イオン（H^+）を還元し，水素ガス（H_2）が発生する．このガルバニ電池が標準状態で示す標準起電力 E°_{cell} は+0.763 V であり，式 (9.1) を用いて，亜鉛（Zn）板を浸した亜鉛イオ

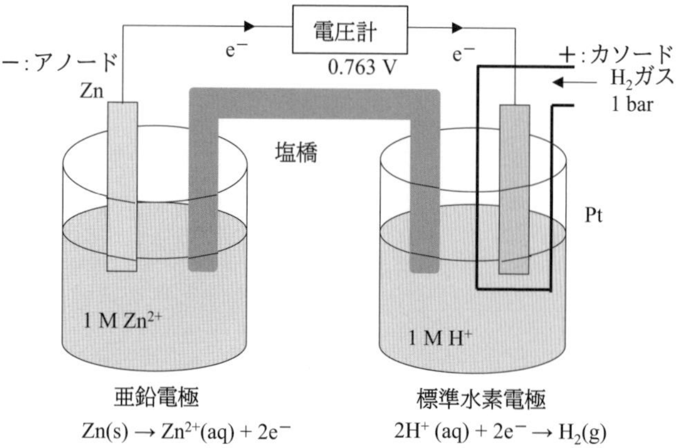

図 9.2　標準水素電極を用いたガルバニ電池

ン（Zn^{2+}）水溶液からなる半電池の標準還元電位を次のように求めることができる．

$$E^{\circ}_{cell} = E^{\circ}_{red}(\text{カソード}) - E^{\circ}_{red}(\text{アノード})$$

$$+0.763\,[\mathrm{V}] = 0\,[\mathrm{V}] - E^{\circ}_{red}(\text{アノード})$$

$$E^{\circ}_{red}(\text{アノード}) = -0.763\,[\mathrm{V}]$$

半電池の半反応の電位は還元反応に対しての値であるため，Zn^{2+} から Zn への還元反応に対する標準還元電位 E°_{red} は −0.763 V と決定される．同様に，さまざまな半電池反応の標準還元電位 E°_{red} を数値の大きな順に並べると**表 9.1**，**9.2** のようになる．標準還元電位 E°_{red} は，還元反応の起こりやすさの尺度となり，標準還元電位 E°_{red} が正で大きな値であるほど，標準状態では還元反応（**表 9.1**，**9.2** に示した式で左から右に進む反応）が起きやすいことを示している．また，標準還元電位 E°_{red} が負で大きな値であるほど，酸化反応（**表 9.1**，**9.2** に示した式で右から左に進む反応）が起きやすいことを示している．

ここで，**図 9.1** に示したダニエル電池の標準起電力 E°_{cell} は**表 9.1**，**9.2** に示した Cu^{2+} および Zn^{2+} の還元半反応の標準還元電位 E°_{red} と式 (9.1) から次のように求められる．

$$E^\circ_{cell} = E^\circ_{red}(\text{カソード}) - E^\circ_{red}(\text{アノード})$$

$$E^\circ_{cell} = 0.337\,[\mathrm{V}] - (-0.763\,[\mathrm{V}]) = 1.100\,[\mathrm{V}]$$

なお，還元反応の物質量が変化しても，電荷 C に対するエネルギー J の比（V = J/C）は一定であるため，還元半反応における化学量論の係数が変わっても，標準還元電位 E°_{red} の値は同じである．

表 9.1　標準還元電位

強い酸化剤 ↑

E°_{red} [V]	還元半反応
+2.87	$F_2(g) + 2e^- \rightarrow 2F^-(aq)$
+1.51	$MnO_4^-(aq) + 8H^+(aq) + 5e^- \rightarrow Mn^{2+}(aq) + 4H_2O(l)$
+1.36	$Cl_2(g) + 2e^- \rightarrow 2Cl^-(aq)$
+1.36	$Cr_2O_7^{2-}(aq) + 14H^+(aq) + 6e^- \rightarrow 2Cr^{3+}(aq) + 7H_2O(l)$
+1.229	$O_2(g) + 4H^+(aq) + 4e^- \rightarrow 2H_2O(l)$
+1.065	$Br_2(l) + 2e^- \rightarrow 2Br^-(aq)$
+0.957	$NO_3^-(aq) + 4H^+(aq) + 3e^- \rightarrow NO(g) + 2H_2O(l)$
+0.799	$Ag^+(aq) + e^- \rightarrow Ag(s)$
+0.771	$Fe^{3+}(aq) + e^- \rightarrow Fe^{2+}(aq)$
+0.695	$O_2(g) + 2H^+(aq) + 2e^- \rightarrow H_2O_2(aq)$
+0.337	$Cu^{2+}(aq) + 2e^- \rightarrow Cu(s)$

弱い酸化剤

（出典：国立天文台編，理科年表，丸善出版）

表 9.2　標準還元電位

弱い還元剤

E°_{red} [V]	還元半反応
0 [基準]	$2H^+(aq) + 2e^- \rightarrow H_2(g)$
−0.257	$Ni^{2+}(aq) + 2e^- \rightarrow Ni(s)$
−0.44	$Fe^{2+}(aq) + 2e^- \rightarrow Fe(s)$
−0.763	$Zn^{2+}(aq) + 2e^- \rightarrow Zn(s)$
−1.18	$Mn^{2+}(aq) + 2e^- \rightarrow Mn(s)$
−1.676	$Al^{3+}(aq) + 3e^- \rightarrow Al(s)$
−2.714	$Na^+(aq) + e^- \rightarrow Na(s)$
−3.045	$Li^+(aq) + e^- \rightarrow Li(s)$

↓ 強い還元剤

（出典：国立天文台編，理科年表，丸善出版）

9.4 非標準状態における電池の起電力

標準状態における電池の起電力（標準起電力 E°_{cell}）は，式 (9.1) で示したようにカソードとアノードの標準還元電位 E°_{red} の差で求められることを 9.3 節で説明した．ここでは，非標準状態における電池の起電力について考える．非標準状態における電池の起電力は，ネルンストの式 (8.59) を用いて求めることができる（8.13 節参照）．ネルンストの式の自然対数を常用対数に変換し，温度 298 K で気体定数とファラデー定数に数値を代入して得られた簡略式 (8.60) は以下のように表される．

$$E_{cell} = E^\circ_{cell} - \frac{0.0592}{n} \log Q \tag{8.60}$$

ダニエル電池では，全体の反応は次のように示される（9.2 節参照）．

$$\mathrm{Zn(s) + Cu^{2+}(aq) \rightarrow Zn^{2+}(aq) + Cu(s)}$$

また，ダニエル電池の反応において，反応商 Q は式 (9.2) で示される (8.9 節参照).

$$Q = \frac{[\mathrm{Cu(s)}][\mathrm{Zn^{2+}}]}{[\mathrm{Zn(s)}][\mathrm{Cu^{2+}}]} \tag{9.2}$$

[Cu(s)] と [Zn(s)] は 1 である（注：純粋な固体の場合，濃度（本来は活量）は常に 1 である）ことを考慮し，式 (8.60) の反応商 Q に式 (9.2) を代入すると，非標準状態における電池の起電力は式 (9.3) で表すことができる．

$$E_{cell} = 1.100 - \frac{0.0592}{2} \log \frac{[\mathrm{Zn^{2+}}]}{[\mathrm{Cu^{2+}}]} \tag{9.3}$$

標準状態においては, $[\mathrm{Zn^{2+}}] = [\mathrm{Cu^{2+}}] = 1$ mol/L であるから, $\log [\mathrm{Zn^{2+}}]/[\mathrm{Cu^{2+}}] = 0$ となり，電池の起電力は 1.100 V つまり標準起電力 E°_{cell} と等しくなる．

例題 9.1　非標準状態における電池の起電力

アノードが亜鉛板と 0.020 mol/L の硫酸亜鉛水溶液，カソードが銅板と 2.0 mol/L の硫酸銅水溶液で構成されるダニエル電池の 25 °C における起電力を計算しなさい．

（解）

アノードにおける硫酸亜鉛水溶液とカソードにおける硫酸銅水溶液の濃度から，$[Zn^{2+}] = 0.020$ mol/L，$[Cu^{2+}] = 2.0$ mol/L であるから，式 (9.3) を用いて次式のように起電力が求められる．

$$E_{cell} = 1.100 - \frac{0.0592}{2}\log\frac{0.020}{2.0}$$
$$= 1.100 + 0.0592 = 1.159\,[\mathrm{V}]$$

9.5　2次電池

ニッケル・カドミウム電池は，充電が可能で繰り返し使用できる2次電池の1つでありニカド電池とも呼ばれ，携帯型電気製品等の電源として使われている．ニッケル・カドミウム電池の各電極における反応と全体の反応を次に示す．

アノード：$Cd(s) + 2OH^-(aq) \rightarrow Cd(OH)_2(s) + 2e^-$

カソード：$2NiO(OH)(s) + 2H_2O(l) + 2e^- \rightarrow 2Ni(OH)_2(s) + 2OH^-(aq)$

全体の反応：$Cd(s) + 2NiO(OH)(s) + 2H_2O(l) \rightarrow 2Ni(OH)_2(s) + Cd(OH)_2(s)$

アノードでは，金属のカドミウム（Cd）が酸化され，電子（e^-）を放出する．カソードでは，オキシ水酸化ニッケル（NiO(OH)）が e^- を受け取り還元される．電極反応の固体生成物が電極に付着するが，充電により逆反応が進行するため繰り返し使用できる．ニッケル・カドミウム電池の電圧は約 1.2 V である．ニッケル・カドミウム電池は，カドミウムの毒性のために環境上の問題から，近年では，ニッケル・水素電池やリチウムイオン電池への代替が進んでいる．

ニッケル・水素電池もまた，2次電池の1つであり，充電式電池やハイブリット車のバッテリー等で使用されており，電池の電圧はニッケル・カドミウム電池とほぼ同じ約 1.2 V である．ニッケル・水素電池の各電極における反応と全体の反応を次に示す．

アノード：$MH(s) + OH^-(aq) \rightarrow M(s) + H_2O(l) + e^-$

カソード：$NiO(OH)(s) + H_2O(l) + e^- \rightarrow Ni(OH)_2(s) + OH^-(aq)$

全体の反応：$MH(s) + NiO(OH)(s) \rightarrow M(s) + Ni(OH)_2(s)$

アノードでは，水素吸蔵合金（Ni 合金）が用いられており，水素化された金属（MH は水素を吸収した状態を示している）が酸化され，電子（e^-）を放出する．カソードは，ニッケル・カドミウム電池と同じで，オキシ水酸化ニッケル (NiO(OH)) が e^- を受け取り還元される．充電により逆反応が進行するため繰り返し使用できる．

リチウムイオン電池も，充電により繰り返し使用できる 2 次電池であり，スマートフォン，ノートパソコン，電気自動車等のバッテリーとして使用されている．リチウム（Li）は軽い元素であるため，質量エネルギー密度がニッケルを使用した電池より大きく，またリチウムイオン（Li^+）の還元反応の標準還元電位 E°_{red} は，**表 9.2** に示したように大きな負の値であることから，他の電池に比べて大きな約 3.7 V と高い起電力が得られる．リチウムイオン電池の各電極における反応と全体の反応を次に示す．

$$\text{アノード：}CLi_x(s) \rightarrow C(s) + xLi^+ + xe^-$$
$$\text{カソード：}Li_{1-x}CoO_2(s) + xLi^+ + xe^- \rightarrow LiCoO_2(s)$$
$$\text{全体の反応：}CLi_x(s) + Li_{1-x}CoO_2(s) \rightarrow C(s) + LiCoO_2(s)$$

リチウムイオン電池では，リチウムイオン（Li^+）が充放電に伴い，両方の電極を移動する．**図 9.3** にリチウムイオン電池の模式図を示す．アノードでは，sp^2 混成軌道の炭素（C）原子からなる層状のグラファイトが用いられており，グラファイトの層間に Li^+ が可逆的に出入りできる．カソードでは，コバルト酸リチウム（$LiCoO_2$）のような層状のコバルト酸化物等が用いられており，アノードと同様に層間に Li^+ が可逆的に出入りできる．放電時には，アノードのグラファイトの層間から Li^+ が自発的に放出され，カソードのコバルト酸化物の層間に入る．充電時には，カソードのコバルト酸化物の層間から Li^+ が放出されアノードのグラファイトの層間に入る逆反応が進行することで，繰り返し使用できる．

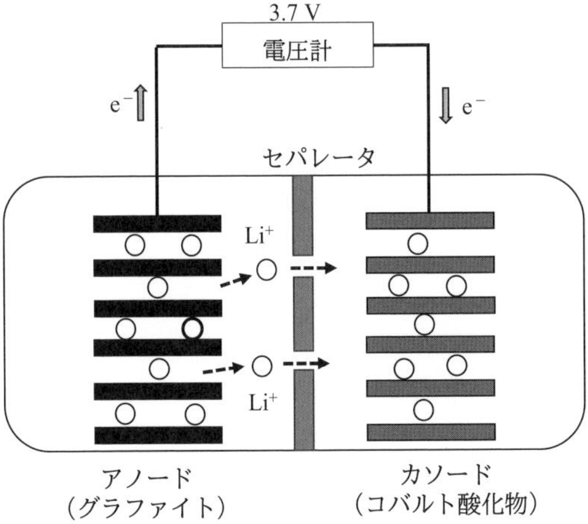

図 9.3　リチウムイオン電池の模式図

9.6　燃料電池

9.6.1　燃料電池の原理

燃料電池は，水素等の燃料の化学エネルギーから直接電気エネルギーに変換するためのガルバニ電池である．水素等の燃料を燃焼して得られた熱エネルギーで水から水蒸気を発生させ，水蒸気でタービンを駆動して発電することで電気エネルギーに変換するよりも，燃料電池を用いることで，原理的には高効率で電気エネルギーに変換することができる．燃料電池の場合には，連続的に燃料を供給する必要がある．水素を燃料とした燃料電池の模式図を**図 9.4** に示す．また，酸性条件下での燃料電池の各電極における反応と全体の反応を以下に示す．

$$\text{アノード：} 2H_2(g) \rightarrow 4H^+ + 4e^-$$
$$\text{カソード：} O_2(g) + 4H^+ + 4e^- \rightarrow 2H_2O(l)$$
$$\text{全体の反応：} 2H_2(g) + O_2(g) \rightarrow 2H_2O(l)$$

アノードとカソードの間は，電解質で隔てられており，用いる電解質により分類される．電解質としてイオン伝導性に優れた固体高分子のイオン交換膜を使用した燃料電池は固体高分子形と呼ばれている．固体高分子形の燃料電池の

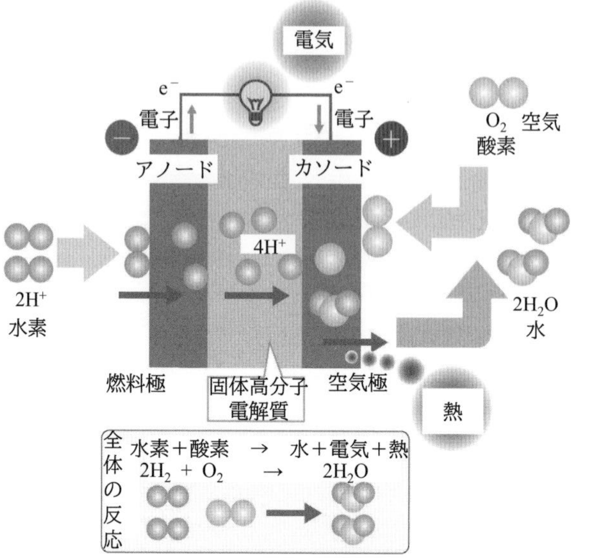

図 9.4　燃料電池の模式図

（出典　（独）新エネルギー・産業技術総合開発機構 HP，燃料電池・水素技術開発 2009-2010 p39：(http://www.nedo.go.jp/content/100079666.pdf)）

場合，アノードでは，供給された燃料の水素ガス（H_2）が酸化され電子（e^-）を放出し，生成した水素イオン（H^+）がイオン交換膜を通過してカソードへ移動する．カソードでは，外部から供給された酸素ガス（O_2）が e^- を受け取り，H^+ と反応して水（H_2O）が生成する．

9.6.2　燃料電池の標準起電力

燃料電池のアノードでの反応は，標準還元電位の基準となる反応（$2H^+ + 2e^- \rightarrow H_2(g)$）であるため標準還元電位 E°_{red} は 0 V である．カソードでの反応の標準還元電位 E°_{red} は，+1.229 V であるため，燃料電池の標準起電力 E°_{cell} は，式 (9.1) を用いて以下のように計算される（9.3 節参照）．

$$E^\circ_{cell} = E^\circ_{red}(\text{カソード}) - E^\circ_{red}(\text{アノード})$$

$$E^\circ_{cell} = 1.229\,[\mathrm{V}] - 0[\mathrm{V}] = 1.229[\mathrm{V}]$$

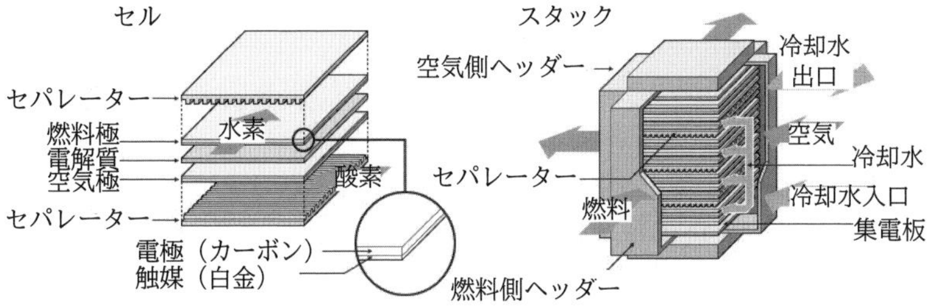

図 9.5　燃料電池のセルとスタック

（出典　日本ガス協会 HP：(https://www.gas.or.jp/gas-life/enefarm/shikumi/)）

燃料電池の理論的に求められる標準起電力（理論起電力）は 1.229 V であるが，実際に電流を取り出す場合，電極と電解質の抵抗や各電極での反応抵抗等の燃料電池の内部抵抗のため出力電圧は低下する．また，実際の燃料電池は，**図 9.5** に示したように，電解質をアノードとカソードで挟んだ構造の 1 組であるセルを直列に多段組み合わせた構造（スタックと呼ぶ）にすることにより大きな電圧を得ている．必要な電圧に応じてセルの段数が決まり，数十段から数百段のセルで構成されている．

燃料電池の理論起電力は，燃料電池の全体の反応の標準ギブズエネルギー変化 ΔG° からも求めることができる．電池の標準起電力 E°_{cell} と電池の反応における標準ギブズエネルギー変化 ΔG° の関係は式 (8.57) で表される（8.13 節参照）．

$$E^\circ_{cell} = \frac{\Delta G^\circ}{-nF} \qquad (8.57)$$

例題 9.2　燃料電池の理論起電力

燃料電池の各電極における反応と電池全体の反応が次のように示されるとき，25 °C の標準状態におけるこの燃料電池の標準起電力を計算しなさい．ただし，標準生成ギブズエネルギー ΔG°_f として次の数値を用いなさい．

アノード：$2H_2(g) \rightarrow 4H^+ + 4e^-$

カソード：$O_2(g) + 4H^+ + 4e^- \rightarrow 2H_2O(l)$

全体の反応：$2H_2(g) + O_2(g) \rightarrow 2H_2O(l)$

$\Delta G_f^\circ\,[H_2(g)] = \Delta G_f^\circ\,[O_2(g)] = 0\,kJ/mol$

（標準状態で最も安定な状態の単体の ΔG_f° はゼロ）

$\Delta G_f^\circ\,[H_2O(l)] = -237.13\,kJ/mol$

（解）

全体の反応の標準ギブズエネルギー変化は次に示す式 (8.23)（8.8 節参照）で求めることができる．

$$\Delta G^\circ = \sum n\Delta G_f^\circ(\text{生成物}) - \sum m\Delta G_f^\circ(\text{反応物}) \tag{8.23}$$

$$= 2 \times (\Delta G_f^\circ\,[H_2O(l)]) - (2 \times \Delta G_f^\circ\,[H_2(g)] + 1 \times \Delta G_f^\circ\,[O_2(g)])$$

$$= 2 \times (-237.13) - (2 \times 0 + 1 \times 0)$$

$$= -474.26\,[kJ/mol]$$

したがって，式 (8.57) に燃料電池の全体の反応の標準ギブズエネルギー $\Delta G^\circ = -474.26\,kJ/mol$，$n = 4$（電池の反応における電子 e^- の係数 4），ファラデー定数 $F = 9.6485 \times 10^4\,C/mol$ を代入すると次のように標準起電力が求められ，アノードとカソードの標準還元電位の差から求めた値と等しくなる．

$$E_{cell}^\circ = \frac{\Delta G^\circ}{-nF} = \frac{-474.26\,[kJ/mol] \times 10^3}{-4 \times 9.6485 \times 10^4\,[C/mol]} = 1.2288\,[J/C = V]$$

9.6.3　燃料電池の変換効率

化学反応におけるギブズエネルギー変化 ΔG は，取り出すことができる電気的仕事のような非膨張仕事の最大値を表している（8.12 節参照）ことから，燃料電池による化学エネルギーから電気エネルギーへの変換効率（発電効率）は式 (9.4) で示される．

$$\eta = \frac{\Delta G}{\Delta H} \tag{9.4}$$

燃料電池における全体の反応が，次式で示され，標準状態で反応が進行したとき，燃料電池の理論変換効率 η_{th} は式 (9.5) のように求められる．

$$\text{燃料電池の全体の反応：} H_2(g) + \frac{1}{2}O_2(g) \rightarrow H_2O(l)$$

（上記の反応の $\Delta H^\circ = -285.83\,kJ/mol$, $\Delta G^\circ = -237.13\,kJ/mol$）

$$\eta_{th} = \frac{\Delta G^\circ}{\Delta H^\circ} = \frac{-237.13[\mathrm{kJ/mol}]}{-285.83[\mathrm{kJ/mol}]} = 0.82962 \qquad (9.5)$$

また，燃料電池の効率を評価するとき，理論起電力 E_{th}（E°_{cell}）に対する実際の起電力 E_{ac} の大きさを電池の電圧効率として求める場合がある．電圧効率 η_e は式 (9.6) で示される．

$$\eta_e = \frac{E_{ac}}{E_{th}} \qquad (9.6)$$

したがって，燃料電池の実際の変換効率 η_{ac} は，理論変換効率 η_{th} と電圧効率 η_e の積により求められ，式 (9.7) で示される．

$$\eta_{ac} = \eta_e \eta_{th} = \frac{E_{ac}}{E_{th}} \frac{\Delta G^\circ}{\Delta H^\circ} = \frac{E_{ac}}{(\Delta G^\circ / -nF)} \frac{\Delta G^\circ}{\Delta H^\circ} = \frac{-E_{ac} nF}{\Delta H^\circ} \qquad (9.7)$$

燃料電池の実際の電圧は，種類によっても異なるが，燃料電池で化学エネルギーから電気エネルギーに変換する際の実際の効率 η_{ac} は 0.3〜0.7 程度である．

9.6.4 固体高分子形燃料電池（PEFC）

燃料電池のアノードとカソードの間は，電解質で隔てられており，用いる電解質により分類される．電解質としてイオン伝導性に優れた固体高分子のイオン交換膜を使用した燃料電池は，固体高分子形（polymer electrolyte fuel cell: PEFC）と呼ばれている．固体高分子形燃料電池の各電極における反応と電池全体の反応を次に示す．

$$\text{アノード：} 2H_2(g) \rightarrow 4H^+ + 4e^-$$
$$\text{カソード：} O_2(g) + 4H^+ + 4e^- \rightarrow 2H_2O(l)$$
$$\text{全体の反応：} 2H_2(g) + O_2(g) \rightarrow 2H_2O(l)$$

固体高分子形燃料電池は，作動温度が 60〜90 °C 程度と他のタイプの燃料電池に比べ低温であり，自動車用や家庭用として利用されている．各電極での反応速度を向上させるために電極には白金触媒が用いられているが，白金は一酸化炭素により被毒されるため，水素燃料中の一酸化炭素は除去して燃料電池に供給する必要がある．固体高分子形燃料電池の変換効率 η_{ac} は 0.3〜0.4 程度である．

9.6.5　リン酸形燃料電池（PAFC）

リン酸（H_3PO_4）水溶液を電解質として使用する燃料電池は，リン酸形燃料電池（phosphoric acid fuel cell: PAFC）と呼ばれており，H^+ イオンが電解質内を移動する．作動温度は 160〜220 °C であり，工場やビル等の比較的大規模な発電用に用いられている．各電極における反応と電池全体の反応は PEFC と同じであり，PEFC と同様に電極に白金触媒が用いられている．リン酸形燃料電池の変換効率 η_{ac} は 0.35〜0.45 程度である．

9.6.6　溶融炭酸塩形燃料電池（MCFC）

炭酸リチウム（Li_2CO_3）や炭酸カリウム（K_2CO_3）等の炭酸塩を溶融させたものを電解質として使用している燃料電池は，溶融炭酸塩形燃料電池（molten carbonate fuel cell: MCFC）と呼ばれている．溶融炭酸塩形燃料電池の各電極における反応と電池全体の反応を次に示す．

$$\text{アノード：}2H_2(g) + 2CO_3^{2-} \rightarrow 2CO_2(g) + 2H_2O(g) + 4e^-$$
$$\text{カソード：}O_2(g) + 2CO_2(g) + 4e^- \rightarrow 2CO_3^{2-}$$
$$\text{全体の反応：}2H_2(g) + O_2(g) \rightarrow 2H_2O(g)$$

アノードでは，供給された燃料の水素ガス（H_2）と電解質中の炭酸イオン（${CO_3}^{2-}$）が反応して水蒸気（H_2O）と二酸化炭素ガス（CO_2）を生成し，電子（e^-）を放出する．カソードでは，外部から供給された酸素ガス（O_2）と CO_2 が e^- を受け取り，${CO_3}^{2-}$ となって電解質中に移動する．電解質として用いられている固体の炭酸塩を溶融するために，作動温度は 600〜700 °C であり，${CO_3}^{2-}$ が電解質内を移動する．作動温度が高いために，各電極における反応速度が大きくなり，白金触媒を使用する必要がない．また，他のタイプの燃料電池と異なり，カソードへの CO_2 の供給が必要となるが，燃料として水素だけでなく一酸化炭素（CO）を利用できるのも溶融炭酸塩形燃料電池の特徴である．CO を燃料とした場合のアノードの反応を次に示す．

$$\text{アノード：}2CO(g) + 2CO_3^{2-} \rightarrow 4CO_2(g) + 4e^-$$

溶融炭酸塩形燃料電池は，大型発電用等に用いられ，特に排熱の温度が PEFC や PAFC に比べて高いため，熱電併給（コージェネレーション）システムとして使われている．溶融炭酸塩形燃料電池の変換効率 η_{ac} は 0.4〜0.6 程度である．

9.6.7 固体酸化物形燃料電池（SOFC）

安定化ジルコニア（ZrO_2）等を電解質として使用している燃料電池は，固体酸化物形燃料電池（solid oxide fuel cell: SOFC）と呼ばれている．固体酸化物形燃料電池の各電極における反応と電池全体の反応を次に示す．

$$\text{アノード：}2H_2(g) + 2O^{2-} \rightarrow 2H_2O(g) + 4e^-$$
$$\text{カソード：}O_2(g) + 4e^- \rightarrow 2O^{2-}$$
$$\text{全体の反応：}2H_2(g) + O_2(g) \rightarrow 2H_2O(g)$$

アノードでは，供給された燃料の水素ガス（H_2）と電解質中の酸化物イオン（O^{2-}）が反応して水蒸気（H_2O）を生成し，電子（e^-）を放出する．カソードでは，外部から供給された酸素ガス（O_2）が e^- を受け取り，O^{2-} となって電解質中に移動する．電解質として用いられている ZrO_2 が O^{2-} の伝導性を示すためには高温が必要であるため，作動温度は 700〜1000 °C であり，O^{2-} が電解質内を移動する．MCFC と同様に作動温度が高いために白金触媒が不要であり，燃料として水素だけでなく一酸化炭素（CO）も利用できる．CO を燃料とした場合のアノードの反応を次に示す．

$$\text{アノード：}2CO(g) + 2O^{2-} \rightarrow 2CO_2(g) + 4e^-$$

固体酸化物形燃料電池は家庭用だけでなく，MCFC と同様に大型発電用等に用いられ，特に排熱の温度が PEFC や PAFC に比べて高いため，熱電併給（コージェネレーション）システムとして使われている．固体酸化物形燃料電池の変換効率 η_{ac} は 0.4〜0.70 程度である．

9.6.8　直接メタノール形燃料電池（DMFC）

燃料としてメタノールを用いる燃料電池は，直接メタノール形燃料電池（direct methanol fuel cell: DMFC）と呼ばれている．直接メタノール形燃料電池の各電極における反応と電池全体の反応を次に示す．

$$\text{アノード：} CH_3OH(l) + H_2O(l) \rightarrow CO_2(g) + 6H^+ + 6e^-$$

$$\text{カソード：} \frac{3}{2}O_2(g) + 6H^+ + 6e^- \rightarrow 3H_2O(l)$$

$$\text{全体の反応：} CH_3OH(l) + \frac{3}{2}O_2(g) \rightarrow CO_2(g) + 2H_2O(l)$$

直接メタノール形燃料電池では，PEFC と同様に電解質としてイオン交換膜が用いられる．アノードでは，供給された燃料のメタノール（CH_3OH）と水（H_2O）から二酸化炭素（CO_2）と水素イオン（H^+）が生成し，電子（e^-）を放出する．また，生成した H^+ はイオン交換膜を通過してカソードへ移動する．カソードでは，外部から供給された酸素ガス（O_2）が e^- を受け取り，水（H_2O）が生成する．作動温度が 60～100 °C 程度であるため，PEFC と同様に反応速度を向上させるため白金触媒が電極に用いられる．直接メタノール形燃料電池の特徴は，燃料としてメタノールを用いることから，水素製造用の装置が不要となり，小型化できるため，モバイル電子機器用等の電池として利用が期待されている．直接メタノール形燃料電池の変換効率 η_{ac} は 0.30～0.40 程度である．

参考文献

1)　荻野和子　監訳，ブラウン一般化学 II，丸善出版（2015）
2)　渡辺正　訳，アトキンス一般化学（下），東京化学同人（2014）
3)　荻野博，山本学，大野公一，マクマリー一般化学（下），東京化学同人（2010）
4)　原田義也，化学熱力学，裳華房（2012）
5)　桂井誠，基礎エネルギー工学，数理工学社（2013）
6)　平田哲夫，田中誠，熊野寛之，羽田義昭，図解　エネルギー工学，森北出版 (2011)
7)　（独）新エネルギー・産業技術総合開発機構，燃料電池・水素技術開発 2009-2010：(http://www.nedo.go.jp/content/100079666.pdf)

第10章　水素エネルギー

10.1　水素エネルギーとは

水素エネルギーとは，式 (10.1) に示すように水素分子（H_2）が酸素分子（O_2）と反応し，水（H_2O）になるときに放出するエネルギーのことである．

$$H_2(g) + \frac{1}{2}O_2(g) \rightarrow H_2O(l) \quad \Delta H^\circ = -285.83\,\mathrm{kJ/mol} \tag{10.1}$$

ギブズエネルギー変化（ΔG）は，式 (8.16) で定義される（8.7 節参照）ことから，エンタルピー変化（ΔH）は，式 (10.3) で表される．

$$\Delta G = \Delta H - T\Delta S \tag{10.2}$$

$$\Delta H = \Delta G + T\Delta S \tag{10.3}$$

ギブズエネルギー変化（ΔG）は系がする非膨張仕事の最大値を表している (8.12 節参照) ため，式 (10.3) で示される水素と酸素の反応におけるエンタルピー変化（ΔH）のうち，ギブズエネルギー変化（ΔG）分は電気エネルギーとして取り出すことができるが，$T\Delta S$ 分は電気エネルギーとして取り出すことができない（**図 10.1**）．

水素（H_2）は，地球上で天然にはほとんど存在しないことから，水素エネルギーを利用する場合，水素原子（H）を含む化合物から水素（H_2）を生成する必要があるため，水素エネルギーは，2 次エネルギーである．

水素エネルギーの特徴として，水素（H_2）は，天然ガス，水，バイオマス等の多様な物質から製造することができ，燃やしても有害ガスは生成せず，水のみが生成する．ただし，水素を製造するときには，一般的に二酸化炭素の排出を伴なうことに注意しなければならないが，水素エネルギーは，二酸化炭素の排出削減への貢献が期待できる．一方，水素の製造コストの低減や生産能力の

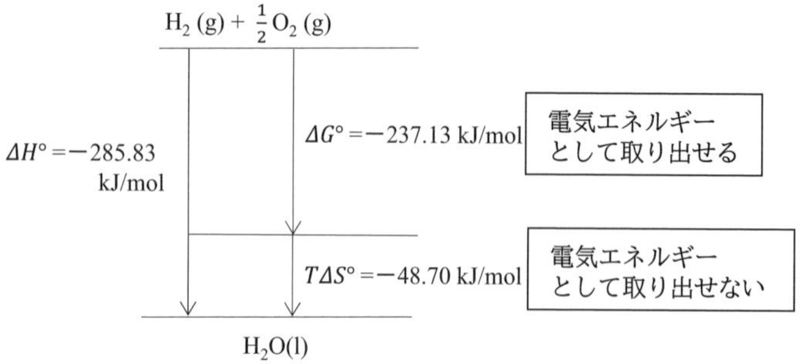

図 10.1　水素と酸素の反応における ΔH°，ΔG°，ΔS° の関係

向上，貯蔵方法，水素脆化（水素により材料の強度等が低下する現象）の問題，安全性等に課題があり，水素エネルギーの利用拡大のためには，製造，貯蔵，輸送，利用を含めた全体のシステムの構築が必要となる．

10.2　水素製造方法

水素（H_2）の代表的な製造方法として，(1) 化石燃料の改質，(2) 水の分解，(3) 副生水素，(4) バイオマスからの製造の 4 つの方法が挙げられる．また，水素の製造方法や製造時に生成する二酸化炭素の回収の有無により**図 10.2** に示すようにグレー水素，ブルー水素，グリーン水素に分類される．石炭や天然ガス等の化石燃料から製造された水素をグレー水素と呼ぶ．また，石炭や天然ガス等の化石燃料から水素を製造する際に排出される二酸化炭素を回収や貯留，利用することにより水素製造時に排出される二酸化炭素量を削減した場合は，ブルー水素と呼ばれる．さらに，太陽光発電や風力発電等の再生可能エネルギーを利用して製造時に二酸化炭素を排出せずに製造した水素をグリーン水素と呼ぶ．

10.2.1　化石燃料の改質

石炭や天然ガス等の化石燃料の改質による水素（H_2）製造は，経済性に優れるため，古くから石油精製や石油化学プロセス等の大規模水素製造に利用されてきた．化石燃料の改質による H_2 製造のフローを**図 10.3** に示す．

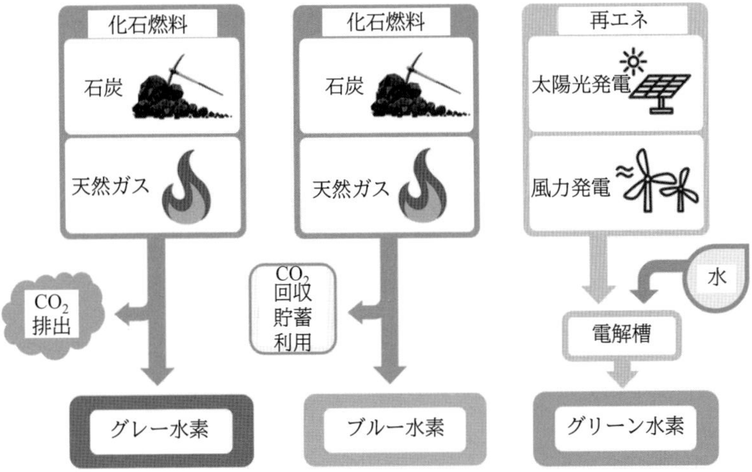

図 10.2　水素製造方法による分類

（出典　資源エネルギー庁 HP，次世代エネルギー「水素」そもそもどうやってつくる？：(https://www.enecho.meti.go.jp/about/special/johoteikyo/suiso_tukurikata.html?ui_medium=tw_enechosp)）

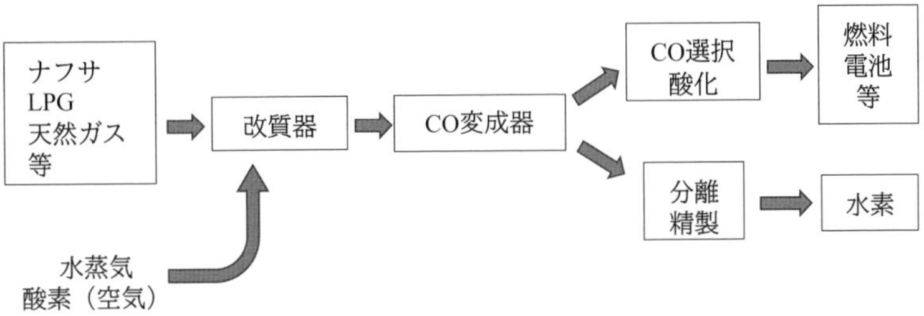

図 10.3　化石燃料の改質による水素製造プロセスフロー

化石燃料を水蒸気と反応させる水蒸気改質反応は，次の反応式で示される．

$$C_mH_n + mH_2O \leftrightarrows mCO + \left(m + \frac{n}{2}\right)H_2$$

$$\Delta H > 0 \quad \text{（吸熱反応）}$$

水蒸気改質反応は，吸熱反応であり，加熱が必要となる．メタン（CH_4）を原料とした場合，一般的には Ni 系の触媒が使用され，700〜800 °C で反応させることにより水素が生成する．CH_4 原料としたときの水蒸気改質反応は，次の反応式で示される．

$$CH_4(g) + H_2O(g) \leftrightarrows CO(g) + 3H_2(g)$$

$$\Delta H = 206.1\,\text{kJ/mol}$$

化石燃料を酸素または空気を用いて，不完全燃焼させる部分酸化反応は，次の反応式で示される．

$$C_mH_n + \frac{m}{2}O_2 \rightarrow mCO + \frac{n}{2}H_2$$

$$\Delta H < 0 \quad \text{（発熱反応）}$$

部分酸化反応は，発熱反応であり，外部からの加熱が不要である．CH_4 を原料としたときの部分酸化反応は，次の反応式で示される．

$$CH_4\,(g) + \frac{1}{2}O_2\,(g) \rightarrow CO\,(g) + 2H_2\,(g)$$

$$\Delta H = -35.7\,\text{kJ/mol}$$

水蒸気改質反応や部分酸化反応により生成した改質ガス中には，一酸化炭素（CO）が含まれる．CO はさらに CO 変成反応（水性ガスシフト反応）により，水蒸気と反応させると二酸化炭素（CO_2）と H_2 が生成する．CO 変成反応は，次の反応式で示される．

$$CO\,(g) + H_2O\,(g) \rightleftarrows CO_2\,(g) + H_2\,(g)$$

$$\Delta H = -41.2\,\text{kJ/mol}$$

CO 変成反応は，発熱反応であり，低温での反応の方が有利であるが，反応温度の低下により，反応速度が低下するため，一般的には，触媒を用いて 200～450 °C で反応させる．Cu-Zn 触媒を用いた場合は，200 °C 程度で反応させる．

10.2.2　水の分解

水は水素原子と酸素原子からなり，水を分解することによって水素（H_2）を得ることができる．水の分解反応は式 (10.4) で示され，この反応は，式 (10.1) に示した H_2 が酸素（O_2）と反応して水が生成する反応の逆反応であり，また，エンタルピー変化（ΔH）は，式 (10.3) で表されるように，ΔG と $T\Delta S$ に分けられる．

$$H_2O\,(l) \rightarrow H_2\,(g) + \frac{1}{2}O_2(g) \quad \Delta H^\circ = 285.83\,\mathrm{kJ/mol} \qquad (10.4)$$

$$\Delta H = \Delta G + T\Delta S \qquad (10,3)$$

式 (10.3) の反応の $\Delta G^\circ = 237.13\,\mathrm{kJ/mol}$, $T\Delta S^\circ = 48.70\,\mathrm{kJ/mol}$ であり，$\Delta G^\circ > 0$ であるため水の分解反応は，標準状態（25 °C，1 bar）で非自発的な反応である．自発的な反応は，式 (10.1) に示した水が生成する反応（式 (10.4) の逆反応）であり，非自発的な式 (10.4) の反応を進行させるためには，ΔG に相当する電気エネルギー等のギブズエネルギーと $T\Delta S$ に相当する熱を供給する必要がある．式 (10.3) からわかるように，必要な ΔG は温度 T が高くなるほど減少し，理論的には $\Delta G = 0$ でも，熱のみで分解することが可能であるが，4,000 °C の超高温が必要になり，非現実的である．

水の分解法としては，電気分解，熱化学分解，光触媒による分解があり，一般的には電気分解が用いられる．特に，太陽光発電や風力発電により発電した電力を用いた水の分解により製造された水素（グリーン水素）の活用が，クリーンエネルギーとして期待されている．

水の電気分解は，自発的に起こる酸化還元反応に基づくガルバニ電池（9.2 節参照）とは反対に，電気エネルギーを供給することにより，進行する非自発的な酸化還元反応である．このような非自発的な酸化還元反応に関係する電気化学セルを電解槽と呼ぶ．工業的には，アルカリ水分解法や固体高分子形水分解法が用いられる．アルカリ水分解法において水酸化カリウム等のアルカリ水溶液を電解槽で電気分解した場合の各電極における反応と全体の反応は次のように示される．

$$\text{アノード：} 2OH^-(aq) \rightarrow H_2O(l) + \frac{1}{2}O_2(g) + 2e^-$$

$$(H_2O(l) + \frac{1}{2}O_2(g) + 2e^- \rightarrow 2OH^-(aq) \quad E^\circ_{red} = 0.401V)$$

$$\text{カソード：} 2H_2O(l) + 2e^- \rightarrow H_2(g) + 2OH^-(aq) \quad (E^\circ_{red} = -0.828V)$$

$$\text{全体の反応：} H_2O(l) \rightarrow H_2(g) + \frac{1}{2}O_2(g)$$

アノード（電気分解の場合，陽極）では，アルカリ水溶液の水酸化物イオン（OH^-）が電子（e^-）を放出し，水と酸素ガス（O_2）が生成する．カソード（電気分解の場合，陰極）では，水が e^- を受け取り，水素ガス（H_2）と OH^- を生成する．全体の反応としては，水が分解され H_2 と O_2 が生成する反応であり，これは燃料電池における自発反応の逆反応である．燃料電池の理論起電力（標準起電力）E°_{cell} は 1.229 V（9.6.2 項参照）であり，水の分解反応を進めるためには最低でも 1.229 V の電圧が必要である．また，電気分解に必要な電圧も酸化半反応（アノードの反応）と還元半反応（カソードの反応）の標準還元電位（E°_{red}）差に等しいことがわかる．したがって，水の電気分解には逆反応で得られる起電力以上の電圧を印加することにより，分解反応が進行するが，実際には計算される電圧よりも常に大きい電圧が必要であることが実験により明らかにされており，電気分解に必要な余分の電圧を過電圧という．

固体高分子形水電解は，固体高分子形燃料電池と類似した構成をもつ電解法である．水素イオン（H^+）を透過させる陽イオン交換膜の両面に電極を有する構造をしており，各電極における反応と全体の反応は次のように示される．

$$\text{アノード：} H_2O(l) \rightarrow 2H^+ + \frac{1}{2}O_2(g) + 2e^-$$

$$(2H^+ + \frac{1}{2}O_2(g) + 2e^- \rightarrow H_2O(l) \quad E^\circ_{red} = 1.229V)$$

$$\text{カソード：} 2H^+ + 2e^- \rightarrow H_2(g) \quad (E^\circ_{red} = 0V)$$

$$\text{全体の反応：} H_2O(l) \rightarrow H_2(g) + \frac{1}{2}O_2(g)$$

アノードでは，水が e^- を放出し，H^+ と O_2 を生成する．生成した H^+ は電極間の陽イオン交換膜を透過してカソードに移動する．カソードでは，H^+ が e^- を受け取り H_2 が生成する．全体の反応としては，アルカリ水分解法と同じであり，水が分解され H_2 と O_2 が生成する．固体高分子形水分解においても，水の分解に最低限必要な電圧は，1.229 V と計算される．

水の電気分解の電力消費量は，アルカリ形水電解装置の場合，2019 年度末での現状値[1)]は 15.5〜18.0 MJ/Nm^{3}H$_2$ であり，水素の高位発熱量（HHV）を 12.8 MJ/Nm^{3}H$_2$ として計算すると電気から水素への変換効率は，71.1〜82.6% と計算される．

水の熱化学分解法は，化学反応を組み合わせることにより，1,000 °C 以下の温度で水を分解する方法で，IS（Iodine-Sulfer）プロセスが知られている．国内では，日本原子力研究開発機構により IS プロセスの研究開発[2)]が進められている．日本原子力研究開発機構が進めている IS プロセスにおいては，原子炉からの排熱を利用し，次に示す 3 つの反応を組み合わせることで，水を分解するために必要な温度を，900 °C 以下まで低下させることができる．反応に用いられるヨウ素（I_2）や二酸化硫黄（SO_2）は，プロセス内で循環するため，プロセス全体では，水を分解して水素と酸素を生成することになる．

$$I_2 + SO_2 + 2H_2O \rightarrow H_2SO_4 + 2HI \quad (\sim 100\,^\circ C)$$

$$2HI \rightarrow H_2 + I_2 \quad (\sim 500\,^\circ C)$$

$$H_2SO_4 \rightarrow SO_2 + H_2O + O_2 \quad (\sim 900\,^\circ C)$$

10.2.3　副生水素の利用

副生水素とは，さまざまな工業プロセスにおいて目的とする製品以外に副生する水素ガスのことをいう．たとえば，食塩電解工業における副生水素，鉄鋼業における副生水素，石油精製における副生水素等がある．

食塩電解工業においては，電解槽から水酸化ナトリウム（苛性ソーダ），塩素とともに水素が生成する．食塩電解工業における電解槽の各電極反応と全反応を次に示す．

$$\text{アノード：} 2NaCl \rightarrow Cl_2 + 2Na^+ + 2e^-$$

$$\text{カソード：} 2H_2O + 2e^- \rightarrow H_2 + 2OH^-$$

$$\text{全反応：} 2NaCl + 2H_2O \rightarrow 2NaOH + Cl_2 + H_2$$

食塩電解工業における電解槽では，食塩水の電気分解により，水酸化ナトリウム 1 t の製造当たり，塩素 0.89 t と水素 280 Nm^3 が同時に生成[3] する．現状では年間約 9 万 t（10 億 Nm^3）程度の水素が副生[4] しており，塩酸等の無機薬品製造，外販用圧縮水素，石油化学・有機化学製品，電子工業向け材料の製造用に利用[3] されている．食塩電解工業の電解槽から生成する水素ガスは，原理的に不純物を含有しないため純度が高く，他の副生水素ガスのような分離・濃縮等の必要がない[3]．

鉄鋼業においては，高炉による製鉄プロセスにおいて多量の水素ガスが副生する．鉄鋼業における製鉄のプロセスフローを**図 10.4** に示す．高炉による製鉄プロセスにおいては，コークス炉，高炉，転炉の 3 つの炉を用いて鉄鉱石から鉄鋼製品が製造される．コークス炉は，石炭を乾留してコークスを製造するための炉であり，コークス炉ガス（COG）が副生する．また高炉は，コークスを還元剤として用いて鉄鉱石を還元するための炉であり，高炉ガス（BFG）が副生

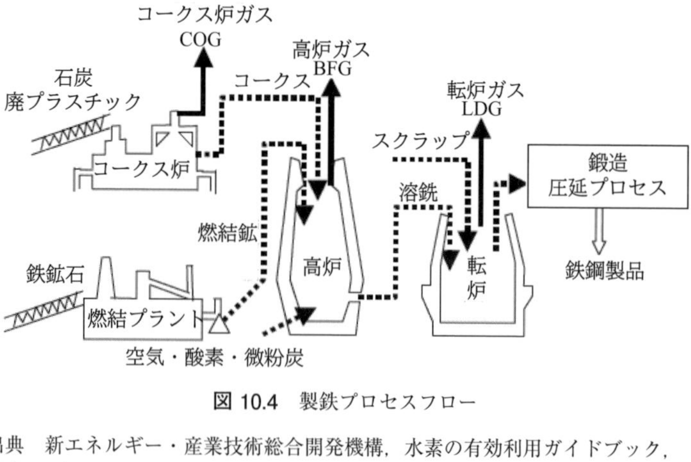

図 10.4　製鉄プロセスフロー

（出典　新エネルギー・産業技術総合開発機構，水素の有効利用ガイドブック，平成 20 年 3 月：(http://www2.jimga.or.jp/dl/sangyo/all/book/list/nedo/nedo_09.pdf)）

する．さらに転炉は，高炉で製造された銑鉄中の炭素およびその他の不純物を除去するために酸素を吹込み，鋼を精錬するための炉であり，転炉ガス（LDG）が副生する．各炉の副生ガスの組成を**表 10.1** に示す．COG はコークス炉で発生する石炭中の揮発分由来のガスであり，水素が 55.6 [vol.%] と比較的高濃度に含まれる．我が国における COG 量は年間約 140 億 Nm^3 であり，COG に含まれる水素ガス量としては年間約 78 億 Nm^3 に達する[5]．また BFG と LDG には，水素がそれぞれ 3.0 [vol.%] と 2.9 [vol.%] 含まれる．BFG と LDG の水素含有濃度は低いが，一酸化炭素（CO）はそれぞれ 71.4 [vol.%] と 21.9 [vol.%] 含まれている．CO は水性ガスシフト反応（$CO + H_2O \rightarrow CO_2 + H_2$）により水素に変換することもできる．これらのガスがもつエネルギーは膨大で，ほとんどが製鉄プロセスの燃料として自家消費されている[6]が，たとえば，燃料電池車 500 万台の燃料電池に必要な水素量は 37.5 億〜61.7 億 Nm^3/年と予測[7]されており，これを超える量の水素が COG に含まれていることになる．

石油精製においては，接触改質（3.2.4 項参照）等のさまざまなプロセスにより水素ガスが副生している．一方で，石油精製所内では，水素化反応（3.2.4 項参照）等で多量に水素ガスを使用するが，石油精製プロセスにおける副生水素ガスのみでは不足するため，ナフサ，LPG を原料とした水蒸気改質反応（10.2.1

表 10.1　副生ガスの組成

ガス組成 [vol.%]	COG	BFG	LDG
H_2	55.6	3.0	2.9
CO	5.3	71.4	21.9
CO_2	2.5	8.9	21.0
H_2O	2.7	2.7	0
N_2	4.2	13.9	54.2
O_2	0.2	0.7	0
炭化水素（CH_4 主体）	30	0	0

（出典：実原幾雄，高松信彦，鉄鋼業の水素を核としたクリーンエネルギー供給基地としての可能性，水素エネルギーシステム，28(1)4-10(2003)）

項参照）により水素を製造して使用している．製油所の水素バランスから約 49 億 Nm^3/年の余力があると試算 [7] されており，鉄鋼業における COG と同様にかなり水素供給ポテンシャルを有していると考えられる．

10.2.4　バイオマスからの製造

バイオマスとは，生物資源（bio）の量（mass）を示す概念であり，「動植物に由来する有機物である資源（化石資源を除く）」である [8]（バイオマスの詳細は 12.4 節を参照）．バイオマスは生命と太陽がある限り持続的に再生可能な資源であり，バイオマスのエネルギー利用は，再生可能エネルギーとして位置付けられている．バイオマスからの代表的な水素製造法としては，熱化学的なガス化法と生物的水素生産法がある．バイオマスの熱化学的ガス化法は，バイオマスを熱分解と化学反応により，主に水素，一酸化炭素，二酸化炭素等からなるガスに変換する方法であり，バイオマスのガス化により水素ガスを含むガス燃料を得ることができる．熱化学的ガス化法の詳細については後述する（12.4.9 項参照）．

一方，生物的水素生産法では，微生物による発酵や光合成により，バイオマスから水素を製造する．バイオマスから水素を製造できる微生物として，発酵や呼吸により有機物を酸化する嫌気性細菌や光合成を行う光合成細菌等が挙げられる．嫌気性細菌による発酵では，たとえば，次式のようにグルコースを分解して酢酸，二酸化炭素，水素が生成する．

$$C_6H_{12}O_6 + 2H_2O \rightarrow 2CH_3COOH + 2CO_2 + 4H_2$$

また，光合成細菌による水素生産では，乳酸（$C_3H_6O_3$）や酪酸（$C_4H_8O_2$）から次式のように水素と二酸化炭素が生成する．

$$C_3H_6O_3 + 3H_2O \rightarrow 6H_2 + 3CO_2$$

$$C_4H_8O_2 + 6H_2O \rightarrow 10H_2 + 4CO_2$$

10.3　水素の輸送・貯蔵

水素（H_2）は，常温常圧で気体であり，地球上で最も軽い気体である．した

表 10.2 各種燃料の発熱量比較（HHV）

燃料	体積エネルギー密度 [MJ/m^3]	重量エネルギー密度 [MJ/kg]
水素ガス	11.9	142
天然ガス	39	54.5
液体水素	10,070	142
ガソリン	34,600	49

（出典：秋葉悦男，水素を高密度に貯蔵輸送する方法とその展望，日本燃焼学会誌，53，16-21(2011)）

がって，**表 10.2** に示したように，重量当たりのエネルギー密度（重量エネルギー密度）は，比較的大きいが，体積当たりのエネルギー密度（体積エネルギー密度）が小さいという特徴がある．体積密度の小さい水素を効率良く輸送・貯蔵するために，どのようにエネルギー密度を向上させ，また安全に輸送・貯蔵するのかが大きな技術的課題である．

現在，輸送・貯蔵として期待されている方法としては，圧縮ガス，液化水素，水素貯蔵合金，高比表面積材料，無機錯体系水素貯蔵材料，有機ハイドライド，アンモニア，メタン等がある．

10.3.1 圧縮ガスによる水素輸送

水素を高圧ボンベで貯蔵・輸送する技術は，現在実用化されている方法の 1 つであり，市販されている水素の大部分は圧縮水素として輸送される．圧縮水素の輸送用容器は，一般的に鋼製容器（ボンベ）が用いられており，容器への充填圧力は 14.7 MPa か 19.6 MPa のものが多い．

近年市販された燃料電池車では，70 MPa の高圧で水素を圧縮し，高圧水素タンクに充填して用いられている．ガソリン車並の水素 1 充填当たりの航続距離を実現するためには，5 kg の水素搭載が必要（5 kg で燃料電池車が約 600 km 走行可能）とされており，5 kg の水素貯蔵に必要なタンク容積は 70 MPa の場合，127 L となる．ガソリン車のタンクは，大きくても 60 L 程度であることを考えると，127 L のタンク容積は，ガソリン車の約 2 倍ということになる．また，70 MPa に水素を圧縮するためには電力消費も必要になり，水素を 350〜700 気圧に高圧圧縮するには，水素エネルギーの 10〜15%が電力消費される[9]．

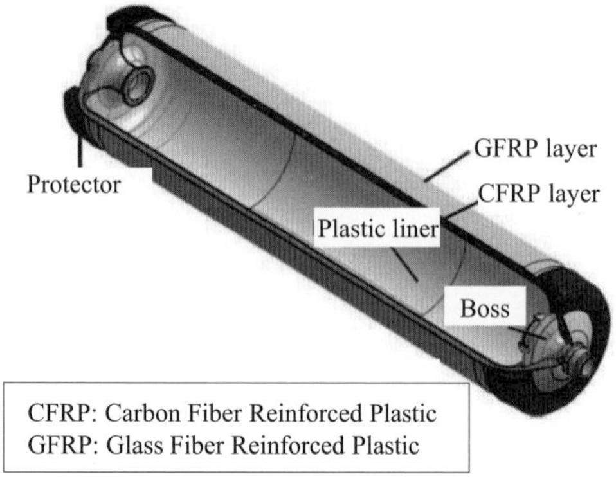

図 10.5　高圧水素タンクの構造

（出典：後藤荘吾，稲生隆嗣，上田将人，山下顕，新型 FCV に向けた高圧水素タンクの開発，自動車技術会論文集，52 (5)1090-1094（2021））

トヨタの燃料電池車（新型 MIRAI）では，**図 10.5** に示した炭素繊維強化プラスチック（CFRP）とガラス繊維強化プラスチック（GFRP）で強化した樹脂ライナーからなる高圧水素タンク（3 本で合計 142.2 L）[10] が使われている．

10.3.2　液化水素による水素輸送

水素（H_2）は大気圧下において −253 °C（20 K）で液化して液体水素になり，液化水素の体積は標準状態の水素ガスの約 1/800 となるため，水素を液化することにより，体積エネルギー密度を向上させることができる．液化水素用容器には，魔法瓶のような円筒積層真空断熱方式が採用されており，内槽を真空で取り囲むことで熱侵入を防ぎ，液化水素の気化を極力減らしている．**図 10.6** に液化水素用可搬式超低温容器，コンテナ，ローリーの写真を示す．液化水素の場合，5 kg の水素貯蔵に必要なタンクの容積は約 71 L となる．しかし，水素の液化には，11.9 kWh/kg[4](= 42.8 MJ/kg) のエネルギーを要するとされており，水素の発熱量（HHV）が，142 MJ/kg であることを考慮すると，液化のために水素自身の発熱量の約 30%のエネルギーを消費することになる．また，内容量 80 L の小型タンクでは，ボイルオフガス（液体から気化してくる水素）が，

図 10.6　液化水素用可搬式超低温容器，コンテナ，ローリー

（出典　国立研究開発法人新エネルギー・産業技術総合開発機構，NEDO 水素エネルギー白書：(https://www.nedo.go.jp/library/suiso_ne_hakusyo.html)）

数%/日程度とされている[11]．

10.3.3　水素貯蔵合金による水素貯蔵・輸送

水素貯蔵合金は，次式で示すような水素との可逆的な反応により金属水素化物を生成する．

$$M + H_2 = MH_2 + Q$$

ここで，M は水素貯蔵合金，MH_2 は金属水素化物，Q は反応熱を表している．金属水素化物中の水素原子密度は概ね 90 kg-H_2/m^3 以上であり，液化水素の密度（70.8 kg-H_2/m^3）[4] よりも高い．**表 10.3** に主な水素貯蔵合金の種類を示す．たとえば，2 重量%の水素を貯蔵できる水素貯蔵合金を用いて 5 kg の水素を貯蔵する場合，約 250 kg の水素貯蔵合金が必要になる計算となる．したがって，燃料電池車等で水素貯蔵合金を使用するためには，さらに水素貯蔵量の多い水素貯蔵合金の開発や高圧水素と組合せたタンクの開発等により，タンクの重量を低減させる必要がある．

10.3.4　その他の水素貯蔵技術

圧縮ガス，液化水素，水素貯蔵合金以外にもさまざまな水素貯蔵技術が検討されている．吸着を利用した材料としては，活性炭，カーボンナノチューブ，ゼオライト等の高比表面積を有する材料を用いて，水素を吸着により貯蔵・輸送する方法が検討されている．また，無機錯体系水素貯蔵材料は，陽イオンとして Li や Na，錯イオンとして B，N，Al を含む多原子イオンで構成される錯

表 10.3　主な水素吸蔵合金の種類

種類	主な系	水素貯蔵量 [重量%]
AB_5 型合金	$LaNi_5$ 等	1
AB_2 型合金	$TiCr_{1.8}$，$ZrMn_2$ 等	～2
AB 型合金	TiFe など	～2
体心立方（BCC）構造合金	Ti-Mn-V 系，Ti-Cr-V 系，V-Ti-Cr 系等	～3
Mg 系合金（A_2B 型）	Mg_2Ni，Mg_2Cu 等	～4

（出典　国立研究開発法人新エネルギー・産業技術総合開発機構，NEDO 水素エネルギー白書：(https://www.nedo.go.jp/library/suiso_ne_hakusyo.html)）

体化合物で，水素は錯イオンを構成しており，次式で示すような可逆的な分解と生成を利用して水素を吸蔵放出する．

$$NaBH_4 + 2H_2O \rightleftarrows 4H_2 + NaBO_2$$

有機ハイドライドは，比較的容易に水素と水素化および脱水素化反応する炭化水素のことという．代表的な有機ハイドライドとして，シクロヘキサン，デカリン，メチルシクロヘキサン等がある．これらの有機ハイドライドの水素化・脱水素化反応を**図 10.7** に示す．

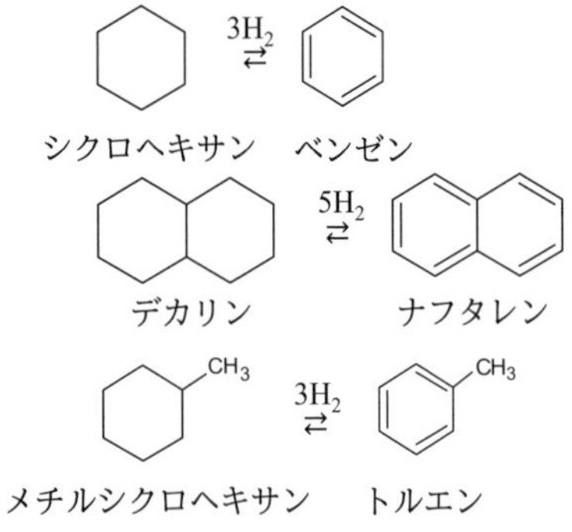

図 10.7　有機ハイドライドの水素化，脱水素化反応

アンモニア（NH_3）は，水素を 17.8 重量%含み，20 °C（293K）では 0.85 MPa 以下で液化する．また，液化アンモニアの密度は 0.603 g/cm^3 であるため，水素の体積密度は 10.7 kg/100L 程度となり，液化水素（7 kg/100 L）に比べて 50% 以上も大きい[12]ことから，アンモニアを水素の貯蔵・輸送手段として考えることもできる．通常，アンモニアはハーバーボッシュ法により，鉄触媒の存在下で 10～25 MPa，570～820 °C で次式のように水素と窒素から合成[4]される．

$$3H_2 + N_2 \rightleftarrows 2NH_3$$

10.4　水素の利用

水素エネルギーの利用形態としては，主に定置型燃料電池，燃料電池自動車，水素燃焼タービン等がある．

定置型の燃料電池は家庭用と業務用があるが，基本的な原理は同じである(9.6 節参照)．燃料電池は，発電に伴う排熱を有効利用することができるため総合効率が高い特徴がある．家庭用燃料電池の場合，排熱を給湯等に使用することができる．家庭用燃料電池システムとして，都市ガスや LPG，軽油等を燃料として用い，改質装置により水素を発生させ発電するシステム（エネファーム）が市販されている．たとえば，都市ガス一体型のエネファーム (固体高分子形燃料電池，2021 年度モデル) では，発電効率 36.1%，熱回収効率 51.5%（いずれも HHV）[13] と高効率である．エネファームの国内普及状況としては 2021 年度末で 43 万台（各メーカーで 2021 年 3 月末までに販売した台数の合計）[14] の普及台数である．

燃料電池自動車は，すでに複数の自動車メーカーから販売されている．トヨタ自動車は 2014 年に燃料電池車を市販開始し，2020 年 12 月にはモデルチェンジした新型 MIRAI を発売した．トヨタ自動車で販売している新型 MIRAI の概要を**表 10.4** に示す．国内では，水素・燃料電池戦略ロードマップ [15] において，2030 年までに 80 万台程度の燃料電池車の普及を目指すという目標が示されている．燃料電池自動車の普及には，燃料となる水素を充填する水素ステーションの整備が必要であるが，国内では**図 10.8** に示したように，まだ水素ステーションが整備されていない県もあり，燃料電池車の普及のためには，今後さらなる水素ステーションの整備が必要となる．

水素燃焼タービンは，天然ガスを燃料としたガスタービン等と同様に，水素を燃料として駆動するタービンであり，水素と他の燃料ガスを混焼させ発電する混焼発電と水素のみで発電する専焼発電の方式がある．また，酸化剤として空気を使用する事例と酸素を使用する事例がある．水素燃焼タービンにおいてもガスタービンの排熱をボイラーで回収して蒸気タービンを駆動させるコンバインドサイクル発電が可能である．たとえば，三菱重工は，既存のガスタービン設備を用いて，LNG に水素を 30%混ぜ，コンバインドサイクル発電する設備

表 10.4　新型 MIRAI の概要

項目	内容
寸法	4,975(L) × 1,885(W) × 1,470(H) [mm]
車両重量	1990 kg
定員	5 名
燃料電池	固体高分子形
最高出力	128 kW
燃料	圧縮水素 タンク：64 + 52 + 25 = 141 L（3 本） (70 MPa)　水素貯蔵量 5.6 kg
水素充填時間	3 分程度
航続距離	約 850 km

（出典　トヨタ自動車 HP，トヨタ MIRAI 主要諸元表：(https://toyota.jp/pages/contents/mirai/002_p_001/4.0/pdf/spec/mirai_spec_202212.pdf)）

2023年2月時点

図 10.8　水素ステーションが整備されている都道府県

（出典　燃料電池実用化推進協議会，商用水素ステーション情報：(http://www.fccj.jp/hystation/index.html#hystop)）

を開発しており，従来の天然ガス火力発電と比較して，発電時の CO_2 排出量を約 10%低減することが可能となると報告している[16]．また，燃料として水素，酸化剤として酸素を用いた場合は，燃焼により直接水蒸気が発生しボイラーが不要となるため伝熱損失がなく高い発電効率で発電することが可能であり，原理的に CO_2，NOx，SOx を発生しないという特徴がある．NEDO（国立研究開発法人新エネルギー・産業技術総合開発機構）の水素利用等先導研究開発事業では，この酸素水素燃焼タービンにより発電効率 68%を実現する 1400 °C 級の発電システムの開発[17]を進めている．

参考文献

1) 資源エネルギー庁　新エネルギーシステム課　水素・燃料電池戦略室，水素・燃料電池戦略ロードマップ達成に向けた対応状況，2020 年 6 月 8 日：（https://www.meti.go.jp/shingikai/energy_environment/suiso_nenryo/roadmap_hyoka_wg/pdf/002_01_00.pdf）

2) 国立研究開発法人日本原子力研究開発機構　高温ガス炉と水素・熱利用研究　熱化学法 IS プロセスとは：（https://www.jaea.go.jp/04/o-arai/nhc/jp/faq/is_process.html）

3) 福岡正雄，食塩電解工業における副生水素利用の現状，水素エネルギーシステム，28 (1)16-22 (2003)

4) 国立研究開発法人　新エネルギー・産業技術総合開発機構，NEDO 水素エネルギー白書：（https://www.nedo.go.jp/library/suiso_ne_hakusyo.html）

5) 新エネルギー・産業技術総合開発機構，水素の有効利用ガイドブック，平成 20 年 3 月：(http://www2.jimga.or.jp/dl/sangyo/all/book/list/nedo/nedo_09.pdf)

6) 実原幾雄，高松信彦，鉄鋼業の水素を核としたクリーンエネルギー供給基地としての可能性，水素エネルギーシステム，28(1)4-10(2003)

7) 早内義隆，石倉雅裕，石油・化学業界の既存設備を活用した高純度水素の供給可能性と石油業界の位置付け，水素エネルギーシステム，28(1)23-28(2003)

8) 農林水産省，バイオマス活用推進基本計画（第 3 次）（案）資料 2：(https://www.maff.go.jp/j/shokusan/biomass/attach/pdf/220825-1.pdf)

9) 市川勝，水素エネルギーがわかる本，オーム社（2007）

10) 後藤荘吾，稲生隆嗣，上田将人，山下顕，新型 FCV に向けた高圧水素タンクの開発，自動車技術会論文集，52 (5)1090-1094（2021）

11) 秋葉悦男，水素を高密度に貯蔵輸送する方法とその展望，日本燃焼学会誌，53, 16-21(2011)
12) 小島由継，坪田雅己，市川貴之，アンモニアを利用した水素貯蔵・輸送，水素エネルギーシステム，33(4)20-25(2008)
13) Panasonic　エネファーム HP：(https://panasonic.biz/appliance/FC/lineup/house01.html#specification)
14) 日本ガス協会 HP，エネファーム（家庭用燃料電池）の普及状況：(https://www.gas.or.jp/gas-life/enefarm/fukyu/)
15) 水素・燃料電池戦力協議会，水素・燃料電池戦略ロードマップ（平成 31 年 3 月 12 日）：(https://www.meti.go.jp/shingikai/energy_environment/suiso_nenryo/roadmap_hyoka_wg/pdf/002_s05_00.pdf)
16) 井上慶，宮本健司，道免昌平，田村一生，川上朋，谷村聡，水素・天然ガス混焼ガスタービンの開発，三菱重工技報，55(2)1-5(2018)
17) 国立研究開発法人新エネルギー・産業技術総合開発機構 HP，高効率な水素発電を支える基盤技術開発に着手：(https://www.nedo.go.jp/news/press/AA5_101359.html)
18) 水素エネルギー協会，水素エネルギー読本，オーム社（2007）
19) よく分かる水素技術，日本工業出版（2008）
20) 荻野和子　監訳，ブラウン一般化学 II，丸善出版（2015）
21) 伊藤直次，水素製造・貯蔵輸送と反応分離膜，日刊工業新聞社（2008）
22) 日本エネルギー学会　編，バイオマスハンドブック，オーム社（2002）

第11章　省エネルギー

エネルギーコストを削減するため，地球温暖化を防止するため，省エネルギーは重要である．省エネについての理解を深め，豊かであるがエネルギー消費の少ない社会を目指したい．

11.1　省エネの分類

一言で省エネと言ってもその範囲は幅広い．省エネを実行する観点から，分類してみよう．定まった分類法があるわけではないので，以下は例である．

1) エネルギーの使用を我慢する

ちょっとした我慢は必要と考えるが，過度の我慢は弊害も大きい．猛暑の時期に冷房の使用を我慢すると，熱中症になりかねない．近距離であれば車を使わずに徒歩や自転車で移動し，少ない階数であれば階段で昇降する．これも省エネであるが，過度に行って健康を害するようでは本末転倒となりかねない．

2) 不要なエネルギー消費を抑制する

人が居ない部屋の照明を消すといった省エネが，この分類である．不要と判断して消したものが，不便や我慢を強いる結果となる場合があるので，注意が必要でもある．安全のために必要なものまでを消すことが無いようにしなくてはならない．省エネ週間に警報機類の電源を切った例を筆者は見ており，このような事例は笑い話にもならない．

オフィスであれば，照度や作業環境に問題がなければ日中は自然光を活用するといった工夫ができる．センサーを用いて自動で制御する等，人の手を煩わせずに省エネできることが望ましい．室内画像処理による在室人数把握や二酸化炭素濃度の計測値を用いて換気量（第７章）を制御するといった例もある．

部屋を離れるときに空調を切るべきか，時々話題となる．人が居ない部屋を空調しておくことは不要なエネルギー消費と感じるが，空調設備の起動時の消費電力が大きいことを加味すると，短時間であれば空調を切らない方がエネルギー消費が少ない場合もある．

3) 少ないエネルギーで同じ価値を得る

冷蔵庫やエアコンなどは効率の良い機種を選ぶことで，少ない消費電力で同じ冷却量が得られる．テレビもコンピュータも小型化・高性能化するとともに，消費電力が大幅に減っている．技術革新による省エネルギー性能の向上が期待できる分野である．

建造物の断熱を良くすることにより，少ないエネルギー消費で快適な空間を得ることができる．建具や空調設備のみならず，建物全体のデザインが省エネ性能に関係する．設備や建物に投資が必要であるので，低価格化とともに普及のための支援策が必要である．

4) より安い（二酸化炭素排出がより少ない）エネルギー源に転換する

これは厳密には省エネとは言えないが，エネルギーコスト削減のためには重要である．地球温暖化防止のため，温室効果ガスである二酸化炭素の排出は削減したい．同じエネルギー消費量であっても，二酸化炭素排出が少ない燃料に転換することは意味のある行動である．

11.2　建物の断熱

空調に多くのエネルギーを消費している．特に寒冷地では暖房に要するエネルギー量が多いため，熱を逃がさない建物が必要である．熱が逃げるルートは主に 2 つある．1 つは壁や窓からの伝熱，もう 1 つは換気に伴う冷気の流入である．暖房時の熱エネルギーの収支は，以下の式となる．

出る熱 = 壁や窓からの伝熱 + 換気に伴う熱移動
入る熱 = 暖房 + 室内の機器の発熱 + 日射（放射伝熱）

出る熱と入る熱が等しい場合に室温は一定となる．室温が快適な温度で一定となるように暖房機器は制御されているため，出る熱を小さくすることが暖房の省エネにとって重要である．換気については第 7 章で述べているため，本章では壁や窓からの伝熱について述べる．

伝熱量を数式化することについて，第 4 章で詳述した．熱伝導度の小さな材

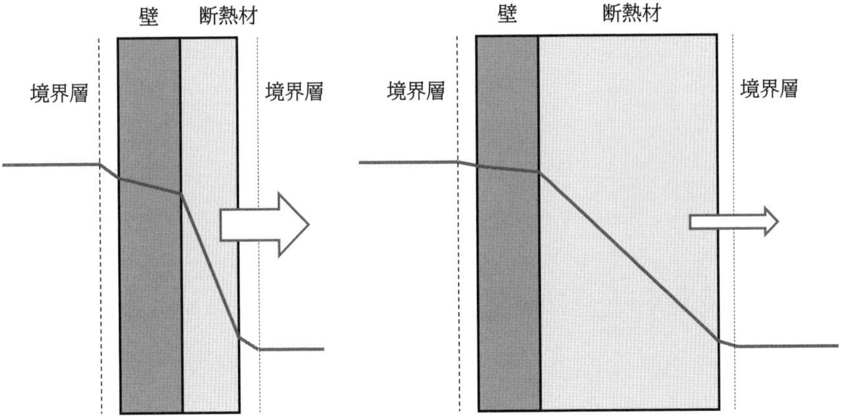

図 11.1　断熱材の効果

料を用い，厚くすることにより，伝導伝熱量を小さくすることができる．建物の壁には断熱材を入れることが一般的である．断熱材が薄い場合と厚い場合の概略を，**図 11.1** に示す．

壁には強度・耐候性・遮音性・防火性能等が必要であるため，断熱性能のみで材料を選ぶことはできない．全体として高い機能をもつように，何種類かの材料を組み合わせることが一般的である．**図 11.1** では，強度をもつ壁板に断熱材を貼り合わせた構造としてある．

壁の両側が空気と接しており，両面で対流伝熱が生じている．特に屋外側では風もあるため，境界層は薄い．壁板および断熱材を通過する熱エネルギーは等しく，第 4 章で説明した式により定量的に記述できる．断熱材を厚くすると，壁板・断熱材の両方の温度勾配が小さくなり，伝熱量が小さくなる．

断熱材は断熱性能を重視した建築材料であり，熱伝導度が小さい材料を用いて作られている．金属やコンクリートに比べ，樹脂類は熱伝導度が小さい．発泡スチロールのように樹脂に気泡を多く含ませることや，繊維状にして多くの空気を含むようにすることにより，さらに熱伝導度を小さくしている．

熱が出ていくルートとして重要なのが窓である．窓は壁と比べて薄い上に，ガラスは熱伝導度が大きい．窓の断熱性を高めることが建物の省エネに重要である．窓の断面とそこでの熱伝導の概略を**図 11.2** に示す．

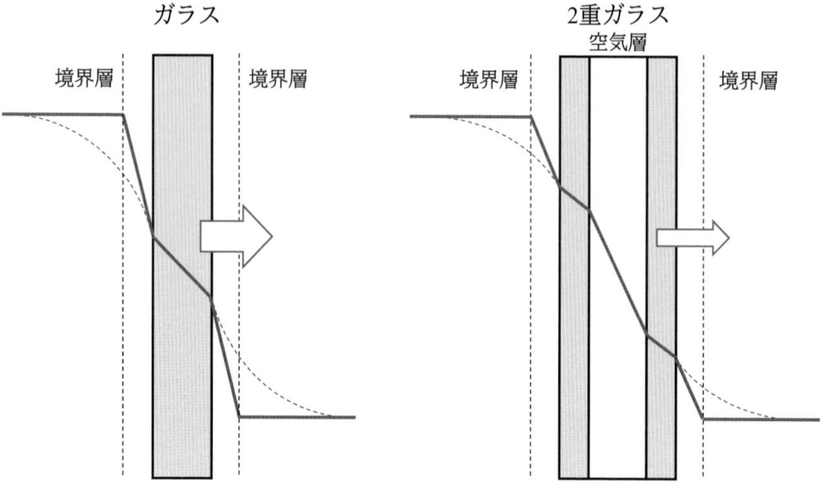

図 11.2　2 重ガラスの効果

ガラスは室外と室内の双方の空気と接している．両側に境界層があり，対流伝熱が生じている．外が寒いときに室内の窓の下の方がひんやり冷たく感じられるのは，ガラス表面で冷やされた空気が対流により下部に移動しているからである．空気と比べてガラスは熱伝導度が大きいために，小さな温度差で熱が移動する．境界層を強調して図示しているが，ガラス温度は屋内外の温度の中間あたりである．ガラスの断熱性能を高めるため，2 重ガラス（ペアガラス）が多く用いられるようになった．2 枚のガラスの間に空気層を設けている．ガラスに挟まれているために，この空気層では対流がほとんど生じない．そのため，空気層は断熱層として機能し，窓を通過する熱エネルギーを低減することができる．さらに断熱性能を高めるために，熱伝導度が小さい気体であるアルゴンを封入してあるペアガラスが市販されている．空気の熱伝導度 $0.0241\ \mathrm{W \cdot m^{-1} \cdot K^{-1}}$（0 °C）に対し，アルゴンは 0.0164 である．ガラスの間を真空とすることによりさらに伝熱を抑制することができるが，透明なまま強度を確保することが困難である．真空 2 重層は冷蔵庫や電気ポットの断熱に用いられており，水筒やマグカップ等にまで適用範囲を広げている．

建物にはさまざまな構造の壁や窓がある．建物全体の伝熱量は，構造それぞれの面積に「単位面積当たりの伝熱量」をかけて積算することによって求められる．断熱材が全く入っていない壁面があると，その面積が小さい場合でも全体の伝熱量を増加させる．断熱性能が悪い箇所の付近が局所的に寒くなりかねない上に，結露が生じる可能性もある．結露はカビの発生や木材の腐食の原因となるため，適切な断熱は重要である．金属のような熱伝導度が大きい材質が屋内と屋外の双方に接している場合も，同様に伝熱量が増加する．サッシ等窓の周辺が金属製である場合が多いため，工夫が必要である．サッシを木製や樹脂製とする，屋外の空気と接する金属部品と室内側の部品との間に断熱性の良い材料を挟む，断熱性の良い材料でカバーする，といった工夫がなされている．

11.3　便座の蓋は閉めるべきか

日常生活のちょっとした行動で省エネが実現するものがある．なぜ省エネになるのか理解できると，行動が継続し周囲にも広がると筆者は考えている．「省エネのために便座の蓋を閉めて」と聞いたことがあるであろう．もちろんこの便座は電力で温めている「暖房便座」である．どのような形で熱エネルギーが逃げているのか，便座を暖かい板だとして**図 11.3** に示す．

便座が縦になっている場合は，温められた空気が板に沿って上昇し，伝熱面への室温の空気の供給が容易なため，対流伝熱量が最も多い．横になっている場合は，室温の空気の供給が抑制されるため，対流伝熱量が少ない傾向である．ただし，便座は板の幅が小さいため，平板に比べて対流伝熱が生じやすい．蓋をすると温められた空気は板と蓋の間に溜まり，室温の空気の供給は大幅に抑制される．蓋は下部の空気により温められ，蓋の上面では対流伝熱が生じる．

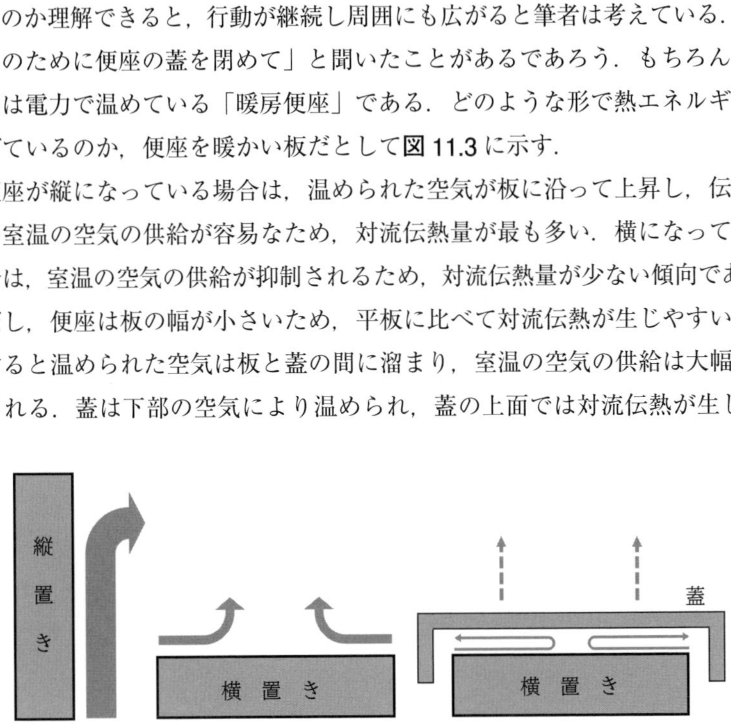

図 11.3　暖かい板からの熱移動

蓋は熱伝導度が小さい樹脂で作られており，蓋を横切る熱エネルギーは小さい．そのため蓋の上面の温度は高くならず，対流伝熱量は大きくはならない．

熱の移動（第 4 章で詳述）の理解により，便座の蓋をすることの省エネ効果を納得したと思う．暖房便座の消費電力の多くは，伝熱による熱エネルギーの損失を補うためのものである．伝熱量は，概ね温度差に比例する．便座の設定温度を下げて，室温との温度差を小さくすることも，省エネである．

11.4　高効率型給湯器

ガスを燃焼させて温水を得る設備がガス給湯器である．従来型は燃料のもつエネルギー（低位発熱量）の 80%程度が温水製造に用いられていた．最近の機種では 95%以上の高い熱効率が得られている．エコジョーズと名付けられた高効率型機器について解説する．従来型と高効率型の給湯器の概要を**図 11.4** に示す．給湯機ではガスを燃焼させて得られる燃焼ガスと水とを熱交換し，温水を作っている．従来型では熱交換器通過後の排気は約 200 °C～230 °C と高温である．高効率型（エコジョーズ）では，この排気を活用して 2 次熱交換器で水を加熱している．2 次熱交換器で予熱された水が 1 次熱交換器へ送られるため，熱効率が向上する．2 次熱交換後の排気温度は 50 °C 程度まで下がる．

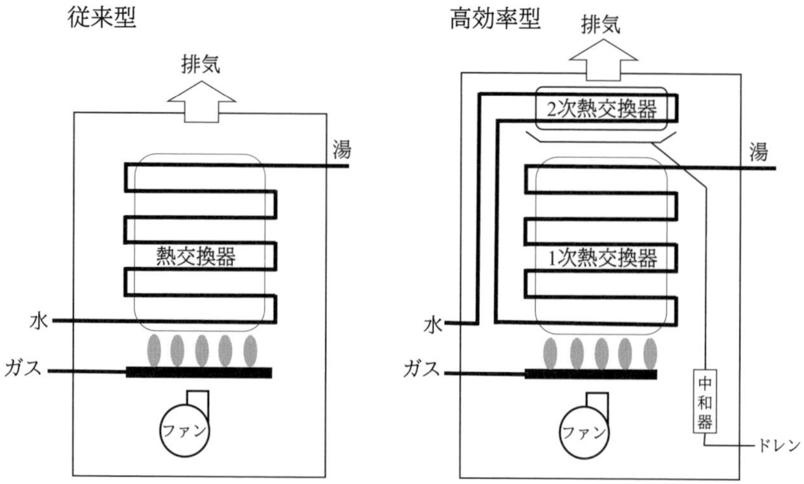

図 11.4　給湯器の概要

熱交換器を多重化し，向流型熱交換器（第 4 章）と近い構造として熱効率を向上させている．熱の移動のみを考えると単純であるが，実用化までには多くの課題があった．ガスには漏洩に気が付くように臭いがつけてあり，着臭剤はイオウを含む化合物が使われていることが多い．燃焼によって生じる二酸化イオウは，室内でガスコンロを使用しても臭いを感じない程度の微量である．大気中に放出しても問題ない量ではあるのだが，熱交換器で結露が生じると結露水に溶けて亜硫酸となり，さらに酸化されて硫酸となる．硫酸は給湯用の熱交換器に用いられている銅を腐食する．結露しない条件で熱交換を行う必要があったため，従来型では熱交換後の排気温度を高く設定しており，これが熱効率を低くせざるを得ない原因となっていた．

2 次熱交換器は，ステンレス等，硫酸によって腐食しない材質で作る必要がある．ステンレスは銅と比べて加工が難しく高価になりがちである．硫酸は不揮発性のため，結露水は高濃度の硫酸を含み強酸性となる可能性がある．そのため，結露水を排出するルートに中和器を設ける必要があった．これらの課題を解決し，高効率型給湯器が一般的に使用されるようになっている．

11.5　エネルギー源が異なる場合の省エネ性能の比較

異なるエネルギー源から同じ価値を得ることができる場合がある．温水であれば，さまざまな燃料から作ることが可能であるし，ヒートポンプ（第 7 章）やヒーターを用いて電気から作ることもできる．ガソリンや軽油で走っていた自動車も，電気で走るものが増加している．エネルギー源が異なる場合の省エネ性能を比較することを考えてみよう．

1 杯のコーヒーを淹れるためにお湯を沸かすことを考えてみよう．ガスコンロを用いてやかんで沸かす場合と，電気ポットで沸かす場合を比較する．エネルギー源が異なる場合，特に電力と比較する場合には，慎重に行う必要がある．電力は 2 次エネルギーであるので，発電効率を加味して 1 次エネルギーに換算して比較することが妥当である．総発電量に占める火力発電の割合が高い現状では，電力の 2 倍程度の 1 次エネルギーが必要であると考えて良い．省エネ性能を「価値を得るために排出する二酸化炭素量」として評価するのであれば，比較対象の燃料の排出原単位と，電力の排出原単位を，燃料または電力の消費量にかけて比較する．燃料や電力の消費量を知るためには，機器の効率も重要である．**図 11.5** に示した 2 つの手法の比較をしてみて欲しい．

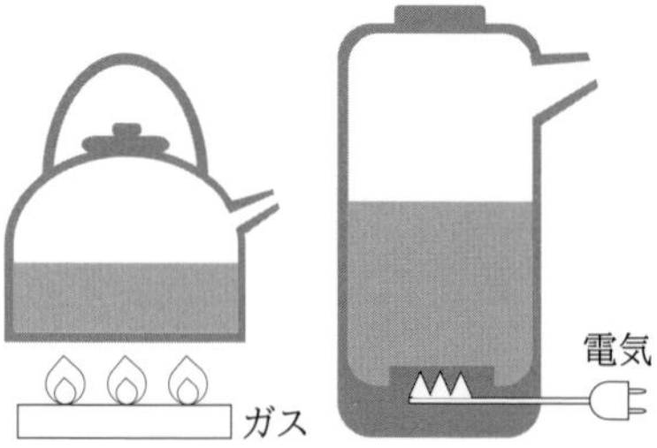

図 11.5　コーヒーを淹れるためのお湯を沸かす手法

自動車の走行には内燃機関の出力を利用し，エネルギー源は燃料（ガソリンや軽油）であった．最近では電気モーターの力を併用するハイブリッド車が増えており，低速時はモーターのみで走行（内燃機関は低負荷では効率が悪い）する等，内燃機関が常に高効率で動作するように制御している．減速・停止の際，従来の自動車では運動エネルギーがブレーキの摩擦熱として捨てられていたが，ハイブリッド車では運動エネルギーを電気として回生することも行われている．さまざまな技術革新により，少ない燃料で，走行といった価値を実現できるようになっている．従来の車とハイブリッド車では，燃料は同一のため，「燃料消費量が少ない車は省エネ性能が高い」と比較が容易である．

燃料を使わず，電池に充電しモーターで走行する電気自動車が増えている．「走行時に二酸化炭素を出さない」ことは事実であり，「現状では発電所が二酸化炭素を出している」も事実である．電気自動車とハイブリッド車を比較する場合は，どのような手法で比較したのかを明確にする必要がある．

同一距離を走行した際の二酸化炭素排出量を試算して比較してみよう．

ハイブリッド車（ガソリン車）

年間走行距離 [km/年] ÷ 燃費 [km/L] ＝燃料消費量 [L/年]

燃料消費量 [L/年] × 二酸化炭素排出原単位 [kg-CO_2/L]

　＝ 年間二酸化炭素排出量 [kg-CO_2/年]

電気自動車

年間走行距離 [km/年] ÷ 電費 [km/kWh] ＝ 電力消費量 [kWh/年]

電力消費量 [kWh/年] × 二酸化炭素排出原単位 [kg-CO_2/kWh]

　＝ 年間二酸化炭素排出量 [kg-CO_2/年]

燃料の二酸化炭素排出原単位は化学組成で決まるために固定値であるが，電力の排出原単位は電力会社によって異なり，1 次エネルギー源の比率により変化する．燃費や電費は車種により異なり，市街地走行が多いとか高速走行・長距離移動が多い等の走行パターンによっても変化する．筆者は 2021 年 10 月に電気自動車を購入した．以前の車の燃費の実績値は 18 km/L で，現在所有の電気自動車は 6.8 km/kWh である．福島県や近県を中心に年間 25,000 km ほど走行しており，車による二酸化炭素排出の多さは反省材料の 1 つであった．私の車による年間二酸化炭素排出量を計算してみて欲しい．

自動車の走行に伴い排出する二酸化炭素の評価だけでは，不十分かもしれない．自動車が製造され，使用され，廃棄されるまでのすべてを評価することが，さらに丁寧である．自動車を製造する際に必要なエネルギー量や排出する二酸化炭素量を，原材料や資源にまで遡って，採掘・精錬・運搬・部品加工・組立・検査といった工程すべてを積算する．使用時では，走行に伴って排出される二酸化炭素の割合が最も大きいのであるが，オイル等の消耗品や交換部品に伴うものも加算する．リサイクルも考慮に入れながら，廃棄に必要な工程すべてを積算する．そして，製造・使用・廃棄のすべてを合算して比較評価する．このような評価をライフサイクルアセスメント（LCA）とよび，二酸化炭素排出量や環境負荷の評価に用いられるようになってきている．使用時の消費エネルギーが少なくても，製造時と廃棄時に消費するエネルギーが多い製品は「省エネ性能が高い」とは言えない場合がある．LCA の評価結果が入手でき，各自の使用状況や排出原単位のトレンド等も踏まえて「総合的に性能評価」できることが望ましい．そのためには LCA を理解し，定量的な判断ができるだけの力が各自に必要であることは言うまでもない．

さて，やかんと電気ポット，どちらが優れた手法と考えられただろうか．電気ポットはヒーターで水を加温しているため，消費電力がそのまま熱となる．発電効率は半分程度なので，ここだけに着目するとガスの燃焼の方が有利と思える．ガスの燃焼で得られた熱エネルギーのどれだけがやかんに伝わるであろうか．やかんの伝熱面積は小さく，高温の燃焼ガスはやかんから離れた場所も通過する．やかんの熱効率はかなり低いのである．一方，電気ポットはヒーターがポット内部にあるため，熱効率が高い事が期待できる．やかんと電気ポットの熱容量も考慮する必要がある．機器の材質を温めるエネルギーは無駄になるからである．必要以上に熱エネルギーを加え，水蒸気を逃がすことになっていないであろうか．水蒸気がもち去る蒸発潜熱は大きいものがある．電気ポットは沸騰すると自動的に電源を切るが，やかんは手動であろう．一杯のコーヒーを淹れるために必要な量よりも，やや多い量の水をやかんや電気ポットに入れることであろう．余剰分の加熱は無駄な熱エネルギー消費であり，つい多くの水を入れてしまう機器は無駄が多い．やかんと電気ポット，製造や廃棄で要するエネルギーはどのように考慮したら良いのであろうか．このように考えていくと，比較は難しい．

第12章　再生可能エネルギー

太陽光・風力・地熱・水力・バイオマスといった再生可能エネルギーの活用は，設備類の製造・設置・廃棄に伴う排出を除き，大気中の温室効果ガスの濃度を上昇させることがない．燃料の輸入に頼ることなく国内で生産できることから，エネルギー安全保障にも寄与できる国産エネルギー源である．

人類は乾燥した草木で火をおこし，薪炭で煮炊きをし，暖を取っていた．帆船を用いて航海をし，水車で粉を挽いていた．産業革命までの長い人類の歴史では，再生可能エネルギーは主要なエネルギー源であったわけである．化石エネルギー資源によって便利な社会が築かれてきたが，そこには地球温暖化という大きな問題が潜んでいた．

12.1　再生可能エネルギーの導入状況

電力を中心にエネルギー源について考える．発電に用いられてきたエネルギー源の推移と，近年の再生可能エネルギーの状況について示す．

12.1.1　発電量の推移

エネルギー種別ごとの発電電力量の推移[1]を**図 12.1** に示す．水力発電は長い歴史をもち，現在も主要な発電手段である．我が国では 1960 年頃まで発電総量の半分以上が水力であった．この頃の火力発電の燃料は国産の石炭が多かったため，電力はほぼ国産エネルギーと言って良かった．1970 年前後に石油火力が急増して高度成長期の電力需要を賄い，続いて原子力が徐々に増加している．LNG（液化天然ガス）が石油と置き換わるように増加している．1990 年頃から石炭火力が増加しているが，この燃料は安価な輸入炭である．電力需要は 2000 年頃まで増加し，その後は横ばいとなり，2015 年あたりから減少傾向が見られる．

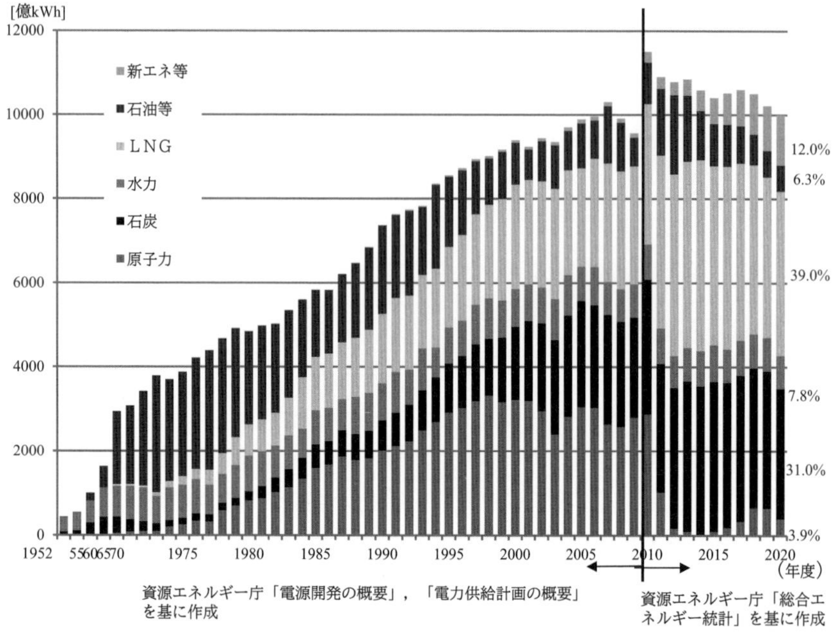

図 12.1　エネルギー源別の発電量の推移

（出典　資源エネルギー庁，令和 3 年度エネルギーに関する年次報告（エネルギー白書 2022）：(https://www.enecho.meti.go.jp/about/whitepaper/2022/pdf/2_1.pdf)）

水力と新エネ等と分類されているものが再生可能エネルギーであり，近年では新エネ等の増加が顕著であるが，総発電量に占める割合はまだ大きくない．

12.1.2　東日本大震災後の電力供給状況

東日本大震災（2011 年 3 月）と東京電力福島第一原子力発電所事故により，電力の構成に大きな変化が生じた．同じ統計[2] でのデータが得られる 2010 年度以降のエネルギー種別ごとの年間発電量を**図 12.2** に示す．ほとんど震災前である 2010 年度には，天然ガス・石炭・原子力がそれぞれ約 3,000 億 kWh を発電していた．原子力発電所事故に伴い，原子力発電を再稼働し運転するための基準が厳しくなったため，全国各地の原子力発電所は定期点検等で運転休止後に再稼働できなくなった．そのため原子力の発電量は大幅に低下した．太平

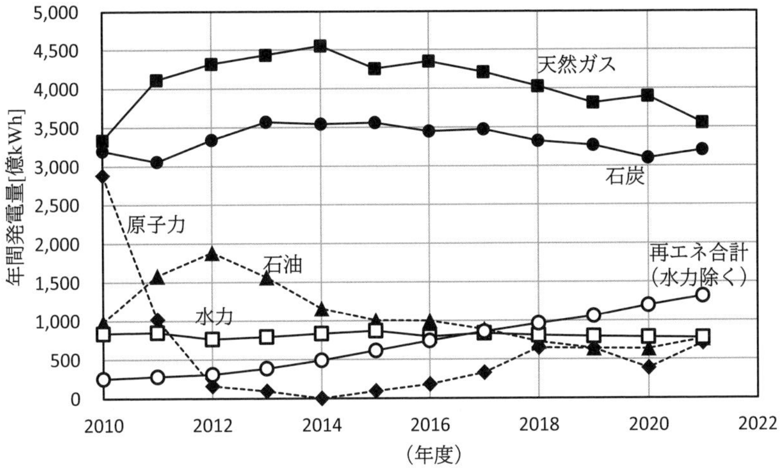

図 12.2　2010 年以降のエネルギー源別年間発電量の推移

（出典　資源エネルギー庁総合エネルギー統計時系列：
(https://www.enecho.meti.go.jp/statistics/total_energy/results.html#headline7)）

洋側の火力発電所の一部は津波により大きな被害を受け，長期間の停止を余儀なくされたものもある．原子力と被災火力の穴を埋めたのが，天然ガスと石油火力である．石油火力は燃料費が高い事もあって近年は新設されておらず，電力需要が多い時期にのみ，古くなっている設備を稼働させていた．その石油火力を電力各社の努力によってフル活用し，震災後の数年間の電力供給を維持してきたと言って良いだろう．

被災した火力発電所の復旧，天然ガス火力の新設（石油火力との置き換え），再生可能エネルギーの増加，節電意識の高まりによる需要減少等によって，石油火力による発電は減少している．西日本では原子力発電が何基か再稼働し，1 基あたりの発電量が大きいためグラフに現れている．

12.1.3　再生可能エネルギー電力の供給状況

再生可能エネルギーについてエネルギー種別ごとにグラフ化したものが**図 12.3** である．大規模な水力発電所は新設されていないため，水力はほぼ横ばいである．震災後に急増しているのは太陽光で，2021 年度には年間発電量が水

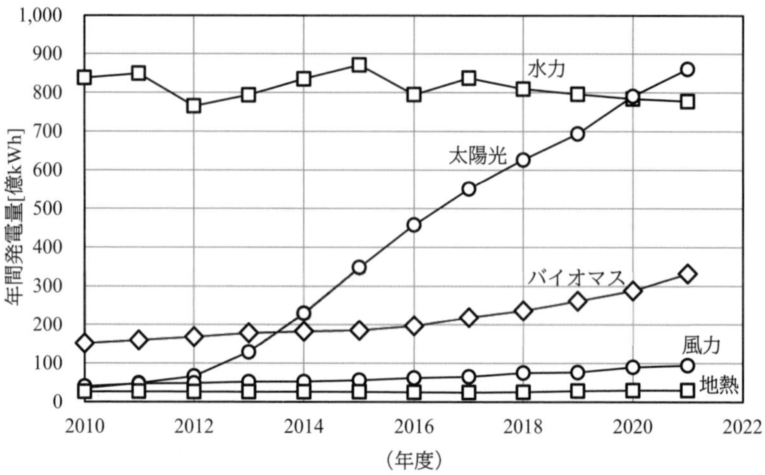

図 12.3　2010 年以降の再生可能エネルギー別年間発電量の推移

（出典　資源エネルギー庁総合エネルギー統計時系列：
(https://www.enecho.meti.go.jp/statistics/total_energy/results.html#headline7)）

力を上回った．バイオマスも順調に増加している．風力の増加が緩やかであるが，調査や工事に時間がかかり，計画から運転開始までに長期間を要することを考慮に入れる必要がある．

再生可能エネルギーによる発電を行い送電線に接続せずに自らが消費した場合は，発電量として把握されず，統計上は需要の減少として現れる．売電するよりも自家消費する方が有利な場合も多くなっているため，特に太陽光発電の実際の発電量は統計に現れる数値よりも多くなっていくであろう．

熱需要を再生可能エネルギーで賄う場合も，エネルギー量の把握は困難である．薪ストーブで暖房を行う場合，特に近隣の山林の間伐材等を燃料として活用する場合には，把握は不可能と言って良い．地球温暖化防止意識の高まりに加え石油価格上昇対策として，休眠していた薪ストーブや薪ボイラーを再稼働させる例が筆者の周囲に見られる．筆者の友人が薪ストーブやペレットストーブの販売をしているが，販売台数を順調に伸ばしている．筆者も自宅にペレットストーブを導入し，暖房に要する熱を再生可能エネルギーとしている．再生可能エネルギー熱も順調に増加しているものと思う．

12.2　水力発電および風力発電

水車と風車は産業革命よりも前まで遡れる長い歴史をもち，さまざまな用途に動力を提供してきた．近年では電力を生み出す役割も担い，さらに存在感が高まっている．

12.2.1　流体がもつエネルギー

水力発電・風力発電ともに，流体がもつエネルギーを回転エネルギーに変換して発電機を回して電気とするものである．

位置エネルギー [J] は，質量 [kg] × 重力加速度 [m/s^2] × 高さ [m]

$$E = m \cdot g \cdot h$$

運動エネルギー [J] は，1/2 × 質量 [kg] ×（速度 [m/s] の 2 乗）

$$E = \frac{1}{2} \cdot m \cdot V^2$$

発電出力 [W] は，単位時間に移動する流体の質量 [kg/s] を代入し，変換効率を加味することで求められる．

水力発電出力 [W]

= 変換効率 × 水量 [kg/s] × 重力加速度 [m/s^2] × 落差 [m]

$$P = \varepsilon \cdot Q \cdot g \cdot h$$

変換効率（ε）は大きい（1 に近い）数値が得られている．配管等の摩擦，水車や発電機の損失，発電後に流出する水が流速に応じた運動エネルギーをもっていること等が，変換効率が 1 より小さくなる理由である．

水の流れで水車やプロペラを回す場合には，運動エネルギーの式に水量を代入する．

風力発電出力 [W]

= 1/2 × 変換効率 × 羽を通過する空気質量 [kg/s] ×（風速 [m/s] の 2 乗）

羽を通過する空気質量 [kg/s]
= 空気の密度 [kg/m^3] × 羽が回る面積 [m^2] × 風速 [m/s]

$$P = \frac{1}{2} \cdot Cd \cdot Q \cdot V^2 = \frac{1}{2} \cdot Cd \cdot \rho \cdot A \cdot V^3$$

風力発電出力は，変換効率（Cd）が同一とみなして良い範囲では，風速の 3 乗に比例する．Cd は羽形状等に依存し，0.2〜0.4 程度である．

12.2.2　水力発電

原理的に，水量が多く落差が大きい発電所ほど高出力となる．落差を得る手法により分類される．

山間部で蛇行する川から取水する等し，標高の低い地点まで配管して落差を得る方式を流れ込み式（または自流式）水力発電と呼ぶ．水量は川の流量や取水量により決定され，発電量の調整はほとんどできない．1 か所当たりの発電量は大きくないものが多い．

ダムを設けて流れを堰き止め落差を得る方式をダム式と呼ぶ．ダム湖に蓄えた水は発電のみならず，農業用水・工業用水・上水道等のために取水する場合もある．上流部に降った雨をいったん蓄える機能は，河川の氾濫による水害防止に役立つ．ダムの容量や下流の状況にもよるが，発電した後に放流する量は調整することができるため，需要に合わせた発電が可能である．ダム式は発電量と調整力の両面で利点が多いが，大規模な土木工事となり自然環境に与える影響は大きい．さらにダム湖となる領域に居住地がある場合には，移転を強いることになる．現在ある大規模なダム式発電所は，このような犠牲の上に作られたものである．

水力発電の心臓部である水車は，落差と水量により選定される．**図 12.4** に代表的な水車を示す．水車の周辺でスムーズに水が流れて損失が少ないことや，水車から流出した水が大きな運動エネルギーをもたないこと等で，高効率化を図っている．カプラン水車は落差が小さい発電所で用いられることが多く，水量の変動により効率が低下しないようにプロペラ型の翼の角度を可変としている．フランシス水車は羽が固定されている一般的な水車で，中程度の落差の発電所で多く用いられている．ペルトン水車はノズルから高速で吹き出す水の勢

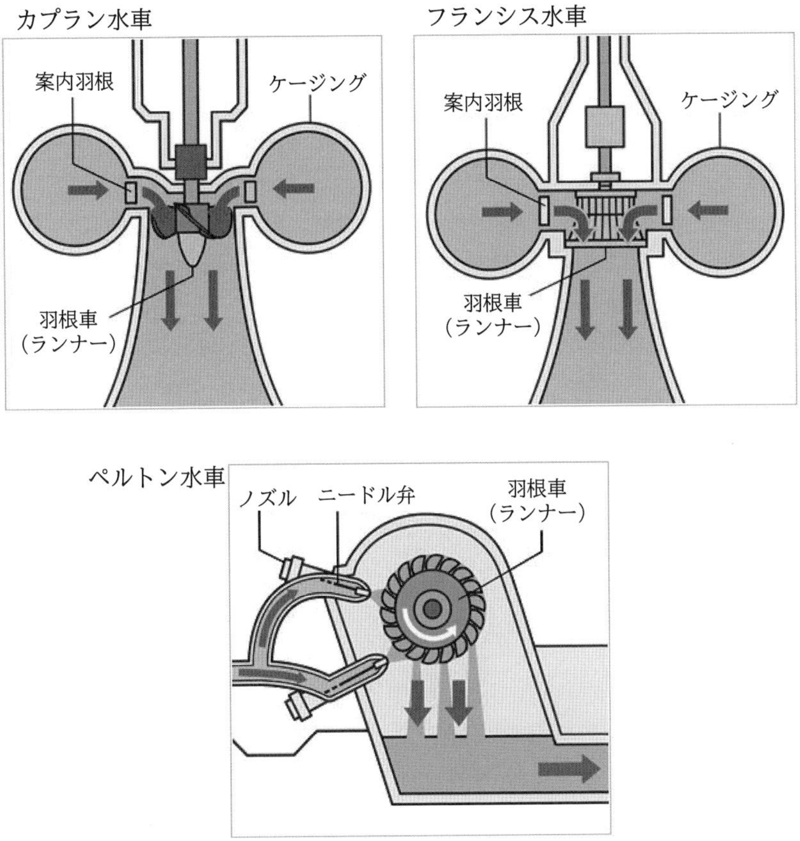

図 12.4　水力発電で用いられている主な水車

(出典　関西電力　水力発電の概要・水車の種類：(https://www.kepco.co.jp/sp/energy_supply/energy/newenergy/water/shikumi/waterwheel.html))

いで水車を回すもので，落差が大きい発電所で用いられている．小規模の発電所では低コストで製造できる水車が求められ，パイプの中にプロペラを設置したような単純な形状の水車もある．水力発電の設備は極めて頑丈に作られており，寿命は長い．50 年以上稼働している設備も珍しくない．見学した際に撮影した写真を**図 12.5** に示す．銘板に歴史が感じられる．

標高が異なるダム湖が近接している場合等では，下のダム湖と上のダム湖と

(a)　東北電力上田発電所　昭和29年（1954年）3月運転開始
63,900 kw　福島県大沼郡金山町

(b)　発電機軸室の内部
左側の大きな円筒内に
水車と繋がる軸がある

(c)　発電機軸室入口の銘板
竪軸と旧字が使われている
製造年：昭和28年

図 12.5　水力発電所の見学風景（口絵 3 参照）（2022 年 8 月　筆者撮影）

の間で水の汲み上げと放流を繰り返すことができる．これを揚水発電と呼ぶ．電力供給力にゆとりがあるときに発電機を逆転させて汲み上げ，需要が多い時間帯に放流して発電することにより，調整力を担っている．揚水発電所は大きな発電機を備えている．昭和 20 年代から開発されて水力発電が多数存在する福島県会津地方の只見川の水力発電所は，5 万～10 万 kW の出力である．これに対し，沼沢湖を上池とする第 2 沼沢揚水発電所（昭和 57 年運転開始）は 46 万 kW の最大出力を有している[3)]．

12.2.3　小水力発電

農業用の水路・砂防ダム・水道用ダム等，落差や水量があるものの発電は行っていない水利施設が数多くある．1 か所当たりの発電量は小さくとも，既存の水路やダムを活用することにより，施工や運転時の環境への影響が少ない発電所を作ることができる．このような小水力発電も再生可能エネルギー発電として期待されている．元々の水の用途に影響を与えないよう，水利権の調整が必須である．

降水量には季節変動があり，降雨が続けば発電能力を越える水量も想定される．たとえば，農業用水を用いる場合には，田植えの時期には水の供給量を増やさなくてはいけないため貯水量（落差）は相当低下するであろう．しかしながら，水量や落差の変動は日射量や風速の変動に比べると緩やかであり，急激な変動がない比較的安定した電源となることが期待できる．

12.2.4　風力発電

風力発電量は原理的には風速の 3 乗に比例するため，風の強い地点に風車を設置することが重要である．巨大な風車は風向に応じて方向を調整する必要があるため，風向が急変しないことも重要である．風速と風向の分布等を総称して「風況」と称する．およその風況は NEDO が公表している（**図 12.6**）[4)]．風力発電を計画する場合には，候補地の風況の詳細な調査が必須であり，調査には相当の期間を要している．

さまざまな風車の形状を**図 12.7** に示す．干拓地から運河に水を汲み上げる目的で作られたオランダ形風車は，オランダの風景を代表するものである．平

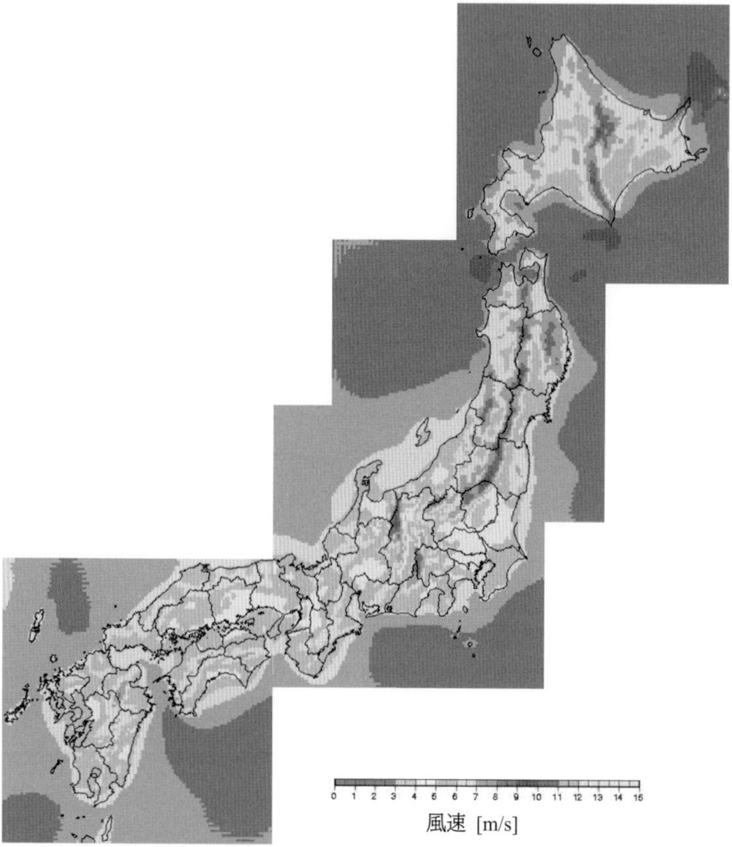

図 12.6　風況マップ（NEDO 高さ 50 m）（口絵 4 参照）

（出典　国立研究開発法人新エネルギー・産業技術総合開発機構（NEDO）局所風況マップ：(https://www.enecho.meti.go.jp/category/saving_and_new/saiene/yojo_furyoku/index.html)）

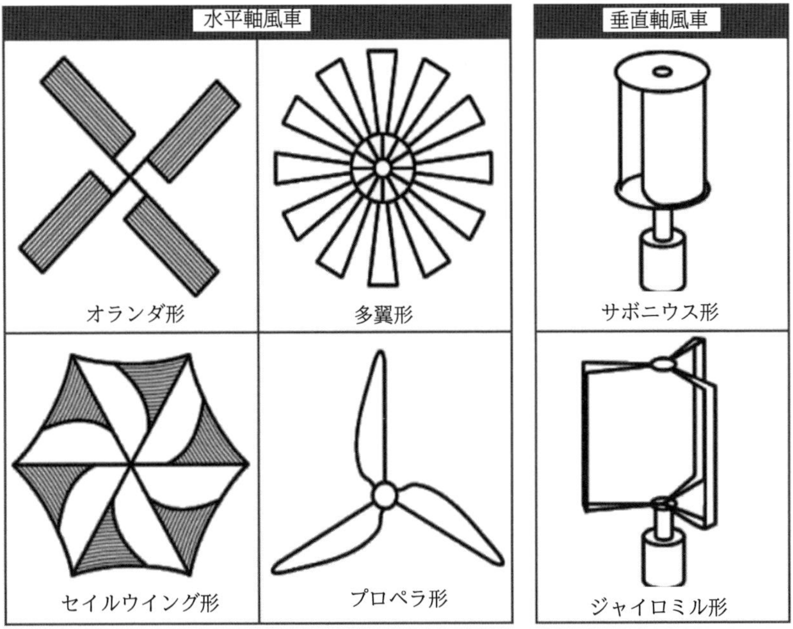

図 12.7　風車の種類

（出典　日本風力発電協会　風車の種類：(https://jwpa.jp/kaze/rashin_03.html)）

板や帆を羽とする風車から，流体力学的な特性に優れたプロペラを羽とする風車へと進化してきている．大型の風力発電所は 3 枚羽のプロペラ形が現在の主流である．垂直軸風車は風向の影響を受けない利点をもつ．回転する軸を風下側に折る力がはたらくことが，大型化に不利である．サボニウス形風車と類似の風車は，便所や便槽（汲み取り式便所で排泄物をためる槽）の換気に用いられていた．弱風でも回る利点があり，古い家屋の便所の付近のパイプのてっぺんでカラカラと回るものがサボニウス形風車である．

風力発電機は，ブレード（羽）・ハブ・ナセル・タワーの大型部品から構成されている．概要を**図 12.8** に示す．全体は強風に耐える強度をもつように強固な基礎に据え付けられている．ブレードはハブに取り付けられており，ブレードが風を受けることでハブが回転する．ハブは締結されている軸に回転力を伝達し，ナセル内の増速機はギアの組み合わせによりハブの回転速度を発電機に

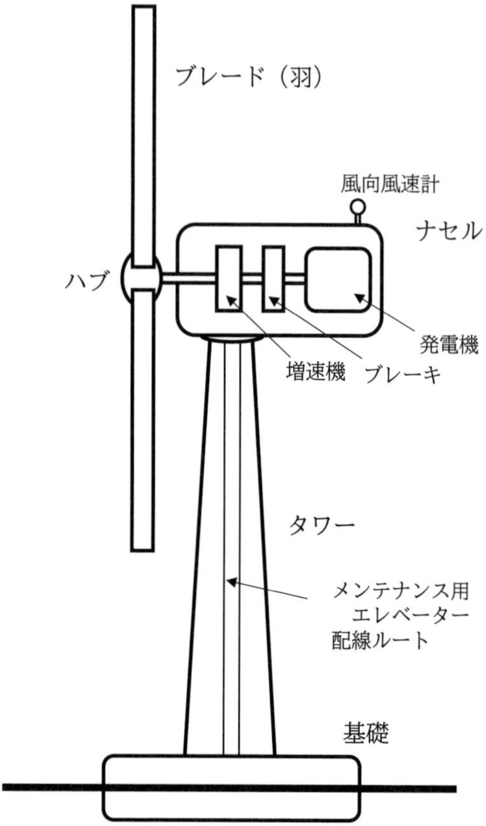

図 12.8　風力発電所の構造概要

必要な高速回転に変換する．発電した電力はタワー内の配線ルートを通って下部の分電盤等を経由して変電設備（電力会社の送電線と連系する箇所）へと送電される．

風向・風速を常に計測し，風に正対するように風車の向きを変えている．風速に応じてブレード角度を変化させ，回転速度を一定に制御している．定格出力を超えるような強風の際にはナセルが過負荷とならないよう，ブレード角度を制御して回転運動への変換効率を下げている．暴風の場合は安全のため，ブレードは風を受け流す角度として，ブレーキをかけて回転を停止する．発電量が期待できない微風の場合にも，ブレーキで回転を止めている．

増速機や発電機の発熱に対応する冷却システム，落雷から風車を守るための雷保護システム，送電する側に異常があった場合に発電を安全に停止する機構等，さまざまな安全設備が設けられている．発電機や増速機の点検整備のためナセル内に昇る必要がある．タワー内にエレベーターがあり，点検者はナセル内で作業を行う．ハブやブレードの点検や補修は，ナセルから外に出てワイヤーケーブルにぶら下がっての作業となる．ドローンを用いてブレードの点検をすること等が検討されている．

風車は巨大である．**図 12.9** に示した会津若松ウインドファーム（会津若松市，2,000 kW × 8 基）は地上からハブまで 78 m・ブレードの回転直径 80 m，万葉の里風力発電所（南相馬市，2,650 kW × 4 基）は地上からハブまで 85 m・ブレードの回転直径 92 m である．万葉の里風力発電所は，発電開始風速が 3 m/s，発電停止風速 25 m/s と公表されている．微風で発電しないのは理解しやすいが，台風のような暴風時にも停止する．

巨大な風車を設置し風力発電所が稼働するまでには，風況調査に加えさまざまな手続きと工事を必要とする．まずは環境影響評価である．環境に与える影響を調査し，過大な影響を与えない場合にのみ建設が許可される．併せて，地域住民への説明も重要である．**図 12.8** に示した部品類の中では，特にブレードが大きい．タワーは分割して運搬して現地で組み立てることができるが，ブレードは分割せずに 1 本ごとに特殊なトレーラーを用いて運搬する．このトレーラーが通行でき，大型の重機やクレーンを運搬できる道路を確保する必要がある．山間地では道路を新設または拡幅する場合が多く，その工事にも期間と費用を要する．送電ルートも重要である．接続する変電所あるいは高圧送電線までのルートを検討し，施工する必要がある．

12.2.5　洋上風力発電

風況が良いのは標高が高い場所であるが，環境の改変が許容範囲を超える（事業に対する反対が多くなる）・部品類の運搬や施工が困難である・送電網から遠く連系が困難である，等の理由で風力発電の適地とならない場合がある．長いブレードをもち 1 基当たりの発電出力が大きいものが発電単価を下げるために有利であるが，運搬の制約のために大型風車が採用できない場合がある．

(a)　コスモエコパワー
会津若松ウインドファーム
2015年2月運転開始 16,000 kW
（2,000 kW 8基）
福島県会津若松市

(b)　タワーの内部見学
点検用エレベーターで
ナセルまで上がれる
電力・制御用の配線と，
変圧器・制御盤がある

図 12.9　風力発電所の見学風景（口絵 5 参照）（2022 年 8 月　筆者撮影）

風力発電の陸上での候補地が減っていく中，期待されているのが洋上風力発電である．風況マップ（**図 12.6**）でわかるように，海岸付近は平地よりも風が強く，沖合に出るとさらに強くなる．洋上は風を遮るものが無いので，風向も安定している．船舶でブレード等を運搬するため，運搬の制約が少なく，大型の風車を設けることが可能となる．

東北・北海道の日本海側は，海岸付近で年間平均風速が 7 m/s を超えており，海岸付近の洋上（海底からタワーを立てることができる範囲）で多数の風車による風力発電を行うポテンシャルを有している．風力発電の導入促進と海洋再生可能エネルギー発電設備の整備に係る海域の利用の促進に関する法律（再エネ海域利用法）[5] が定められ，先行して実施する海域が指定された．東北（秋田県沖）を含むいくつかの海域では 2022 年に事業者が決定し，詳細な検討や施工準備に入っている [5]．洋上で風車の設置作業を行う特殊な船舶も開発されている．洋上風力の適地は電力の大消費地から離れているため，送電線の増強が必須である．広域での送電網整備も併せて検討されている．

海岸から 20〜50 km 以上離れると，日本中ほぼすべての海域で年間平均風速が 7 m/s を超え，風力発電の候補地となりうる．日本近海は海岸から離れるとすぐに水深が大きくなるため，海底からタワーを立ち上げることが不可能となる．架台を浮かべてそこに風車を設ける浮体式洋上発電が注目されており，実用化すれば風力発電を飛躍的に拡大させることができる．福島県沖と長崎県五島列島近海で，異なる浮体タイプの実証試験が行われてきた．浮体も含めて製造した発電設備をえい航して設置することができ，輸出も可能である．エネルギー設備産業としても期待されている．

12.3　太陽光発電

太陽光発電は，電卓の電源といった超小型で電池を代替するものから，主力電源となるものまで，さまざまな規模がある．規模が異なっても光エネルギーを電気に変える原理は同一である．本章では，電源となる太陽光発電システムを中心に述べる．

12.3.1　動作原理

太陽光は高温である太陽から放出される電磁波であり，可視光領域を中心に，高エネルギー側に紫外線，低エネルギー側に赤外線が存在する．そのスペクトルは概ね連続的であるが，オゾンによる紫外線の吸収や，水蒸気や CO_2 による赤外線の吸収のピークが見られる．太陽光発電の出力を論じる際には標準的なスペクトルと光強度とを定めておく必要がある．一般的には，エアマス 1.5（AM1.5，Air Mass 1.5 Spectra）・1,000 W/m^2 を用いている．エアマス 1.5 とは，太陽光が大気の厚さの 1.5 倍を通過して地表に到達したときのスペクトルであり，日本や欧米で観測されるスペクトルにほぼ等しい．

全天日射量のマップを**図 12.10** に示す．この図は NEDO 日射量データベース [6] から引用したものであり，2010〜2018 年の 1 日当たりの全天日射量の年平均値を図にしたものである．天空のすべての方向からの光を水平面で受けたものを全天日射量と呼び，太陽から真っ直ぐに届く直達光と，雲やちりといった大気中成分により反射・散乱して届く散乱光の両方を含んでいる．低緯度で高め，太平洋側で高めという傾向があるがその差は大きくなく，4 kWh/m^2（14.4 MJ/m^2）程度の値である．

半導体が光を吸収した際に生じる光電効果を用いて発電を行う素子を，太陽電池セル（セルと略称されることが多い）と呼ぶ．基本構造と動作原理を**図 12.11** に示す．バンドギャップよりも大きいエネルギーをもつ光（光子）が半導体に吸収されると，電子とホールのペアができ，電子は高いエネルギーをもって伝導帯に飛び上がる．電子は n 型半導体側に，ホールは p 型半導体側に移動し，電極で集められて半導体外部の負荷を経由して再結合する．表面と裏面の電極間に得られる電圧は，半導体のバンドギャップで決定される．エネルギーがバンドギャップよりも小さな光（長波長）は半導体に吸収されない．バンドギャップよりも大きいエネルギーをもつ光（短波長）が吸収されても，得られる電気エネルギーはバンドギャップ相当となる．このような原理的な制約により，太陽光のもつエネルギーのすべてを電力に変えることは不可能である．

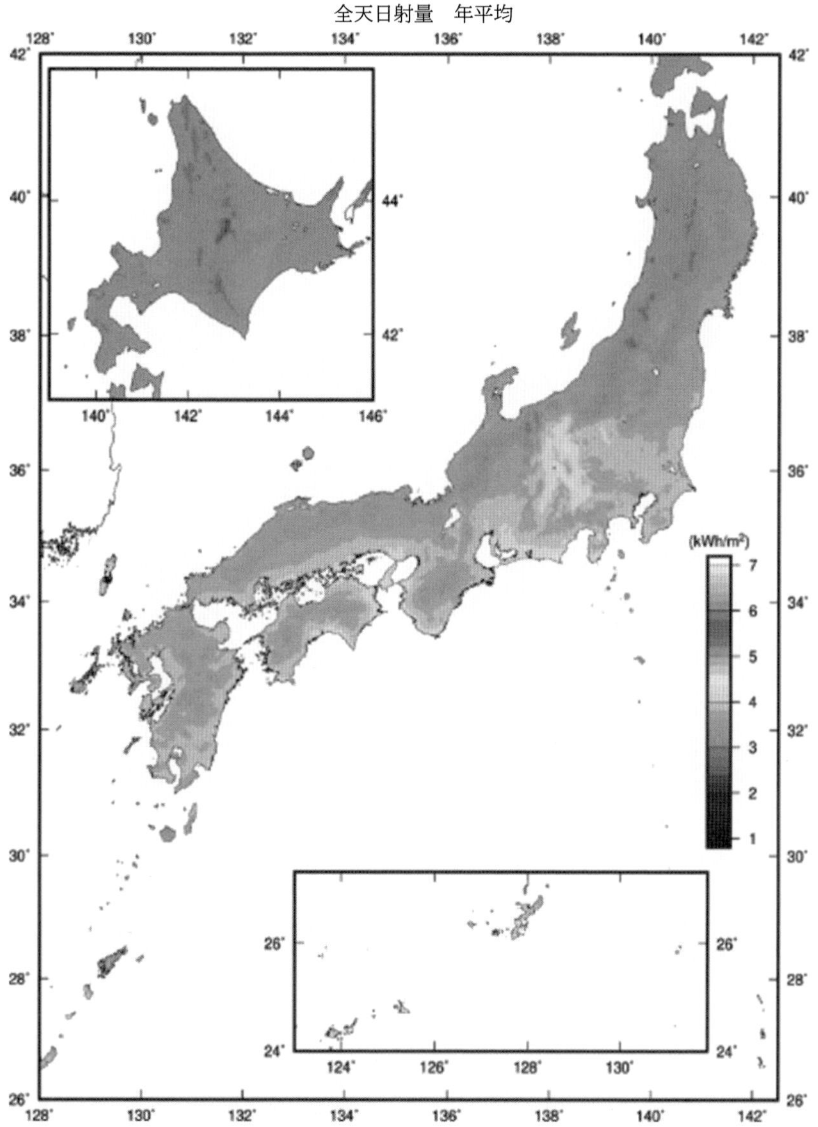

図 12.10　NEDO 全天日射量マップ（口絵 6 参照）

（出典　国立研究開発法人新エネルギー・産業技術総合開発機構（NEDO）全天日射量マップ：(https://appww2.infoc.nedo.go.jp/appww/colormap.html)）

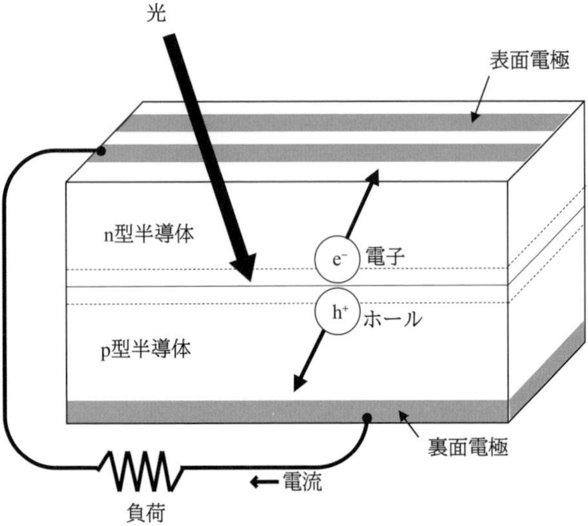

図 12.11　太陽電池セルの基本構造と動作原理

12.3.2　モジュール構造と特性

1つの太陽電池セルで発生する電圧は，シリコン半導体を用いるものであれば0.5 V程度である．半導体は単結晶とする場合が多いため，セルの面積にも結晶成長法による上限がある．そのため，何枚ものセルを同一面上に並べて直列つなぎにして，高電圧化と高出力化を図っている．直射日光が当たり，風雨にさらされる場所に設置するため，対候性や強度が求められる．表面を強化ガラスとし，対候性に優れた樹脂で封止して，アルミ枠や接続用の電線とコネクターを備えたものをモジュールと呼ぶ．**図 12.12** に断面図を示す．封止樹脂にはEVA（Ethylene-Vinyl Acetate，エチレン-酢酸ビニル共重合樹脂）が用いられ

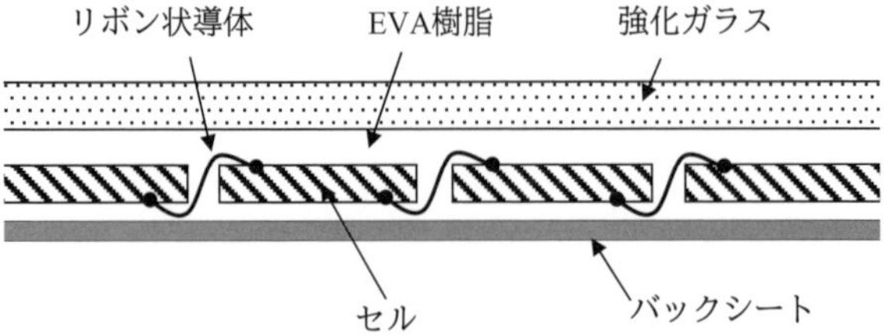

図 12.12　モジュールの断面

ている場合が多い．EVA は透明度が高く対候性に優れており，幅広い用途に用いられている樹脂である．熱可塑性樹脂であるため，バックシート・EVA シート・セル・EVA シート・ガラスと重ねていき，圧力をかけて加温することにより図の構造が製造できる．モジュールの出力はセルの性能とセル枚数によって決まる．半導体が光を電力に変える効率が重要であるが，半導体に当たる光を遮ってしまう表面電極の適正化，ガラス表面や半導体表面での光反射低減，セル間の隙間の低減，といった事項も重要である．筆者所有の太陽光発電システムのモジュールは，60 枚のセルが直列つなぎであり，25 °C・エアマス 1.5・1,000 W/m^2 で 250 W の直流出力を有している．

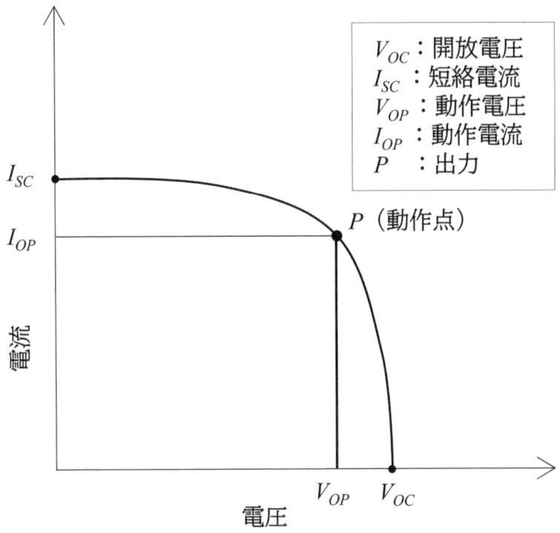

図 12.13　太陽光モジュールの電圧－電流特性

モジュールの特性の概略を**図 12.13** に示す．電力負荷（電気抵抗）を変化させ，負荷の両端の電圧と負荷を流れる電流をプロットした図である．負荷を繋がずに電圧を測定すると，最大の電圧（V_{OC}）が得られる．電極を短絡させると最大の電流（I_{SC}）が得られる．出力は 電圧×電流 であるため，曲線上の 1 点を右上とする長方形の面積が出力となる．この出力が最大となる点を動作点として，出力が最大となるように自動制御している．光強度とモジュール温度は常に変化する．それぞれの依存性を**図 12.14** に示す．光が強くなれば，電子とホールのペアが増えるため，電流が顕著に増加する．伝導帯に存在する電子の数が増えるために電圧がわずかに上昇する．出力は光強度におよそ比例すると理解して良い．温度が上昇すると半導体のバンドギャップが狭くなる．そのために開放電圧が減少する．バンドギャップが狭くなることに伴い，低温では吸収されなかった波長の光が高温では吸収されるようになる．そのために短絡電流はわずかに上昇する．電圧の低下の影響が大きいため，出力は温度

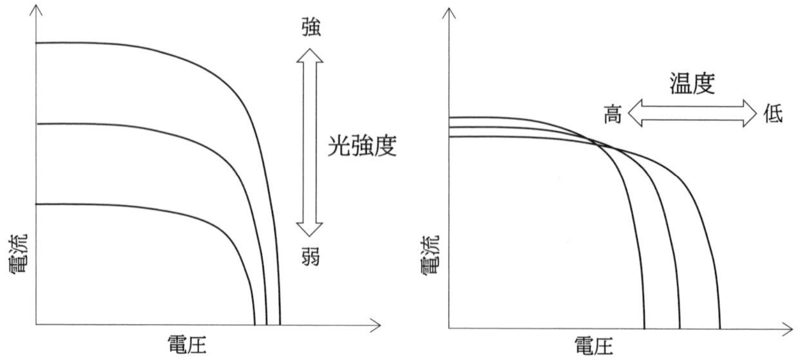

図 12.14　太陽光モジュール特性の光強度・温度依存性

上昇に伴い減少する．通常の使用範囲では，シリコン半導体を用いたモジュールの場合，10 °C の上昇で出力は 4%程度減少する．直射日光を浴びる場所に設置するため，夏季の晴天時にはモジュール表面が 60〜70 °C となることがある．定格出力は 25 °C で求めているため，温度上昇による出力低下は無視できない．

12.3.3　太陽光発電システム構成

筆者所有の太陽光発電システムを**図 12.15** に示す．50 kW 級（49 kW で設備認定）であり発電事業としては小型のものであるが，システム構成はメガソーラーと呼ばれる 1,000 kW を超える大規模なものと変わりはない．架台にモジュールを固定し，10 枚程度のモジュールを直列つなぎにして高電圧にして，パワーコンディショナー（インバーター）で交流に変換し，電力量計で計量して電力会社の線に接続している．一般住宅の屋根に設置してあるシステムでは，パワーコンディショナーと電力量計の間に住宅の分電盤があり，電力を消費する機器が接続されている．発電量が消費量を上回れば余剰分が売電され，少なければ電力会社から購入する．売電用と買電用の 2 台の電力量計を設置することが多かったが，最近では 1 台のメーターで細かくデータを取得できるようになっている．

光が垂直にモジュールに入射すると出力は最大になる．南向きで緯度と同程

(a)　筆者所有の太陽光発電所全景　福島県伊達郡川俣町
2013年設備認定取得　2014年6月竣工

(b) モジュール228枚
(単結晶シリコン60セル 250 W)
直流最大出力 57 kW

(c) モジュール裏面と架台
1.9 mスクリュー型基礎
パネル角度15°

(d) 10 kWパワー
コンディショナー5台
(2台は別の架台に)
システム交流
最大出力 49 kW

(e) 交流
集電箱

(f) 売電用
電力量計

(g) トランス低圧側
3相200 Vに連系

図 12.15　太陽光発電所のシステム構成（口絵 7 参照）（2023 年 4 月　筆者撮影）

度の角度で設置すると，モジュール1枚当たりの年間発電量が最大になる．しかしながら，モジュール価格が低下してきているため，10° 程度の低角度（筆者のシステムは15°）で設置する例が増えている．30〜40° で設置するとモジュールの北端が高い位置となり，架台が大きくなり，冬季では影が長く伸びる．そのため，次のモジュール列との間隔を大きく取る必要が生じ，発電事業用地に設置できるモジュール枚数が減少し，総発電量が減少する．このようなことより，低角度の設置のほうが発電コスト [円/kWh] を抑えられる場合が多い．積雪が多い地域では雪が落ちやすいように角度を大きくする，午後の電力使用が多い時間帯の発電量を多くするためにモジュールを南西〜西向きに設置する，等，地域や設置目的に応じた架台設計がなされている．

パワーコンディショナーは直流を交流に変換する設備である．モジュールの出力が最大となる動作点を探す制御を常時行っている．電力系統に接続するために，電圧・周波数・位相を正確に制御している．停電や電圧異常の際にも安全を確保するとともに，系統安定化のための出力抑制（第13章で詳述）への対応が求められている．

筆者のシステムでは出力10kWのパワーコンディショナーが5台あるため，これを1本にまとめる交流集電箱がある．大規模の発電事業の場合は，モジュールの直流出力をまとめる直流集電箱を設けることがある．電力量計は売電料金計算の根拠となるものである．電力会社と接続する点での最大出力が50kW未満のシステムは電力会社のトランスの低圧側（200V）に連系（低圧連系），50kW以上2,000kW未満は電柱の上の3本の線（6,600V）に連系（高圧連系），2,000kW以上は鉄塔の送電線（66,000Vか，それ以上）に連系（特別高圧連系）することとなっている．

太陽光発電設備の価格は急激に低下しており，それに伴い売電した際の単価も低下している．2020年あたりから，売電単価が電力購入単価を下回るようになったため，売電を目的とせずに自家消費するケースが増えてきている．

12.4　バイオマス

12.4.1　バイオマスとは

バイオマスとは，生物資源（bio）の量（mass）を示す概念であり，「動植物に由来する有機物である資源（化石資源を除く）」である[7]．バイオマスは，生命と太陽がある限り持続的に再生可能な資源であり，バイオマスのエネルギー利用は，再生可能エネルギーとして位置付けられている．バイオマスの例として，**図 12.16** に示すようなものがあり，代表的なものとして家畜排泄物や生ごみ等の廃棄物系バイオマス，稲わらやもみ殻，林地残材等の未利用バイオマス，サトウキビやいね等の資源作物等がある．

12.4.2　バイオマスの組成・成分

代表的なバイオマスの成分分析の例を**表 12.1** に示す．バイオマスを構成する主な成分としては，セルロース，ヘミセルロース，リグニン，デンプン，タンパク質等がある．

セルロースは，D-グルコース ($C_6H_{12}O_6$) が β-グルコシド結合した多糖類であり，規則性のある鎖状構造をしている．セルロースの構造を**図 12.17** に示す．セルロースの分子式は $(C_6H_{10}O_5)_n$ で示され，重合度（n）は約数千から数万である．木材の場合は，セルロースを 40～50%含有している．

図 12.16　バイオマスの例

（出典　社団法人日本有機資源協会，バイオマス活用推進パンフレット使おう！広げよう！バイオマス：(https://www.jora.jp/wp-content/uploads/2021/02/biomass_project_20110208low.pdf)）

表 12.1 代表的なバイオマスの成分例

分類	草本	樹木	樹木	樹木
バイオマス	バミューダグラス	ポプラ	スズカケ	マツ
セルロース	31.7	41.3	44.7	40.4
ヘミセルロース	40.2	32.9	29.4	24.9
リグニン	4.1	25.6	25.5	34.5
粗タンパク	12.3	2.1	1.7	0.7
灰分	5.0	1.0	0.8	0.5
計	93.3	102.9	102.1	101.0

単位 wt.%

（出典：日本エネルギー学会編，バイオマスハンドブック (2002) オーム社）

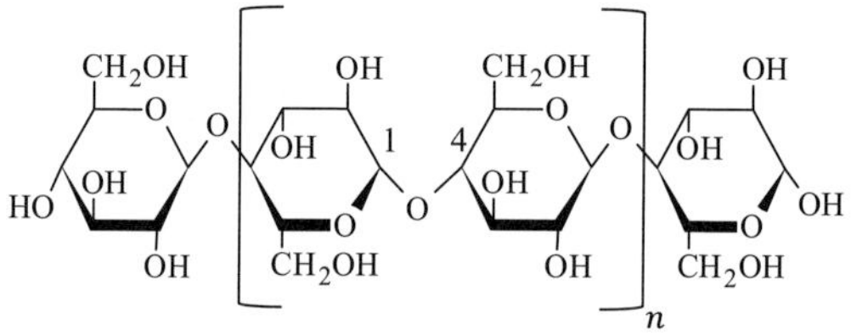

図 12.17 セルロースの構造

● コラム D，L 糖と α，β-アノマー

グルコース等のほとんどすべての天然の単糖は，**図 12.18** に示したようにカルボニル基から最も遠くにある立体中心が，R の立体配置をもっており，Fischer 投影式で示したとき，一番下の立体中心（5 位の炭素）が右向きの水酸基（-OH）をもっている．このような糖を D 糖と呼び，逆に一番下の立体中心が S 配置で，Fischer 投影式で示したとき，左向きの水酸基（-OH）をもっている糖を L 糖と呼ぶ．

また鎖状のグルコースが環状に閉環したとき，カルボニル基であった炭素（C）に新しい立体中心が生じる．**図 12.19** に示したように C1 の-OH 基が C5 の-CH_2OH に対してトランスの関係にあるものを α-アノマーと呼び，完全な名前は α-D-グルコピラノースである．逆にシスの関係にあるものを β-アノマーと呼び，完全な名前は β-D-グルコピラノースである．

ヘミセルロースは，D-マンノース，D-ガラクトース，D-グルコース等を構成

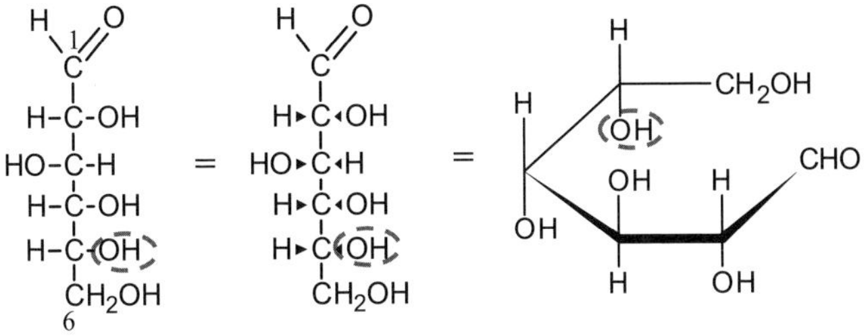

図 12.18 D-グルコースの構造

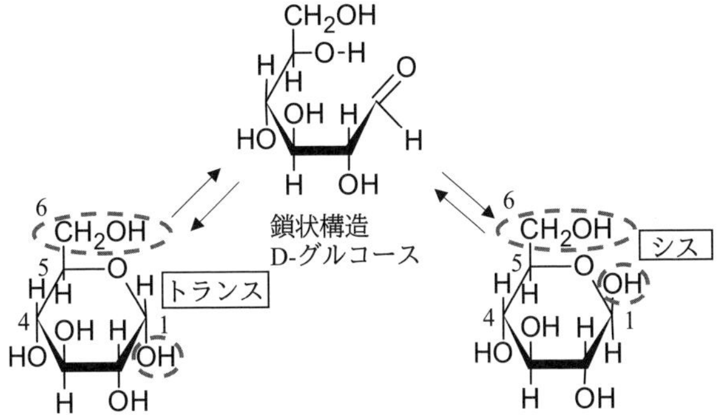

α-D-グルコピラノース　　β-D-グルコピラノース

図 12.19 グルコースの α-アノマーと β-アノマーの構造

ユニットとする多糖類であり，一般的には分岐構造をしている．構成糖としては，D-マンノースや D-グルコース等の 6 単糖であるヘキソースに比べて，D-キシロースや D-アラビノース等の 5 単糖であるペントースの方が多い．平均分子式は $(C_5H_8O_4)_n$ で示され，重合度 (n) は 50〜200 である．ヘミセルロースの中では，**図 12.20** に示した D-キシロースが β1,4-結合したキシランが最も多く，針葉樹では 10%，広葉樹では 30%程度キシランが含まれる．

リグニンは，**図 12.21** に示すようなフェニルプロパンとフェニルプロパンにメトキシル基（$-OCH_3$）を有する誘導体を構成ユニットとしており，これらの構成ユニットが**図 12.22** に示すような 3 次元的に複雑に結合した化合物であり，完全な構造はまだ明らかになっていない．木材の場合，20〜40%リグニンを含有している．また，リグニンは難分解性であり，薬品や微生物により分解され

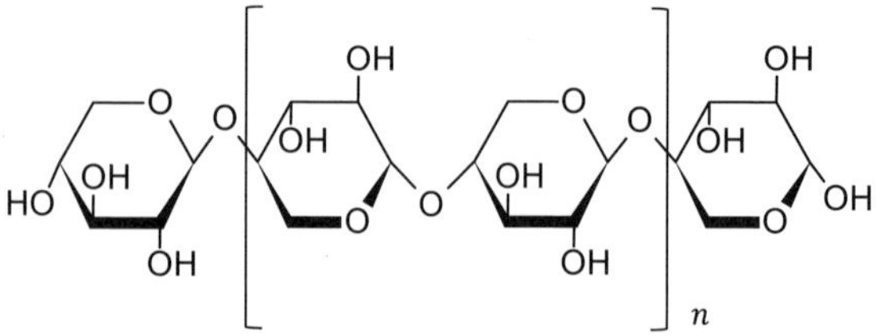

図 12.20　キシランの構造

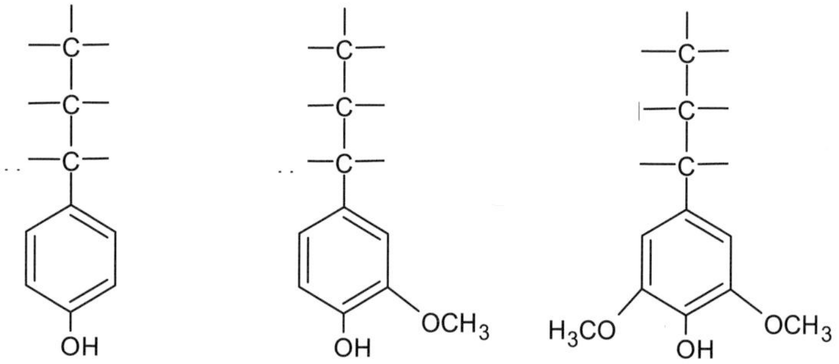

図 12.21　フェニルプロパンとその誘導体の構造

にくい．

デンプンは，セルロースと同じ分子式 $(C_6H_{10}O_5)_n$ で示され，D-グルコースが，α-グルコシド結合した多糖類であり，熱水に可溶なアミロース（デンプンの 10〜20%）と不溶なアミロペクチン（デンプンの 80〜90%）で構成されている．アミロースは，**図 12.23** に示したように α-1,4 結合により D-グルコースが結合した直鎖状構造をしており，分子量は 1〜5 万程度である．一方，アミロペクチンは，α-1,4 結合と α-1,6 結合により D-グルコースが結合した分岐構造をしており，分子量は 5〜10 万程度である．

タンパク質は，アミノ酸が高度に重合した高分子化合物であるが，バイオマスにおける含有量は，セルロース，ヘミセルロース，リグニンに比べて少ない．

グリセリドは，グリセリンの脂肪酸エステルであり，脂肪酸基の数に応じてモノ，ジ，トリグリセリドがある．トリグリセリドは脂肪（油脂）としてバイオマスに多く存在する．

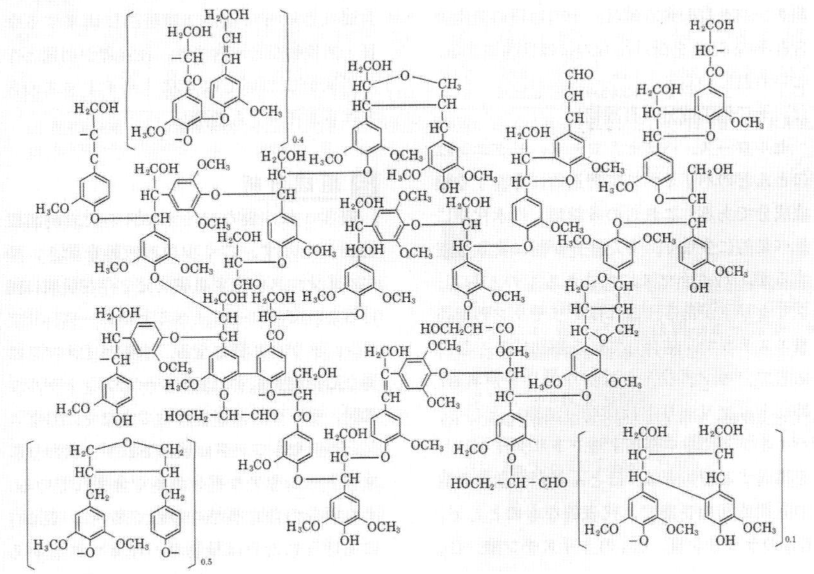

図 12.22 リグニンの推定構造例

（出典：日本エネルギー学会編，バイオマスハンドブック (2002) オーム社）

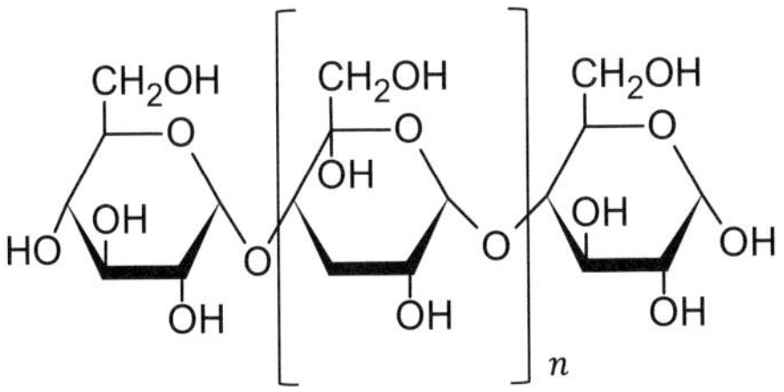

図 12.23 アミロースの構造

無機物（灰分）としては，Ca, K, P, Mg, Si, Al, Ba, Fe, Ti, Na, Mn, Sr 等が含まれている．

12.4.3 バイオマス利用の利点

バイオマス利用の利点は，第 1 にバイオマスが再生可能な資源であることである．バイオマスは，光（太陽光）と水により再生される有機性資源であるが，再生量を超えて利用すれば枯渇することに注意する必要がある．

第 2 に，バイオマスは，太陽光や風力のような他の再生可能エネルギーと比較して貯蔵性と代替性に優れていることである．バイオマスは原料としても，あるいはバイオマスから生産した液体・気体燃料としても貯蔵可能であり，このような液体，気体燃料は，たとえば，石炭や石油を燃料とした火力発電所のような既存のシステムで利用することもできる．

第 3 にバイオマスは賦存量が多いことである．世界的にみると森林樹木の年間成長量は膨大で世界の 1 次エネルギーの 7〜8 倍に相当すると言われている．しかし，実際に利用可能な量はそれほど多くない．**表 12.2** に国内におけるバイオマスの賦存量と利用状況を示す．また，平成 22 年 12 月に閣議決定されたバ

表 12.2　バイオマスの賦存量と利用状況

バイオマスの種類		現在の年間発生量（※2）	現在の利用率	2030 年の目標
廃棄物系	家畜排せつ物	約 8,000 万 t	約 86%	約 90%
	下水汚泥	約 7,900 万 t	約 75%	約 85%
	下水道バイオマスリサイクル（※3）	—	約 35%	約 50%
	黒液	約 1,200 万 t	約 100%	約 100%
	紙	約 2,500 万 t	約 80%	約 85%（※5）
	食品廃棄物等（※4）	約 2,400 万 t	約 58%	約 63%
	製材工場等残材	約 510 万 t	約 98%	約 98%
	建設発生木材	約 550 万 t	約 96%	約 96%
未利用系	農作物非食用部（すき込みを除く）	約 1,200 万 t	約 31%	約 45%
	林地残材	約 970 万 t	約 29%	約 33%以上

※1　現在の年間発生量及び利用率は，各種統計資料等に基づき 2021年（令和３年）4月時点で取りまとめたもの（一部項目に推計値を含む）

※2　黒液，製材工場等残材及び林地残材については乾燥重量．他のバイオマスについては湿潤重量

※3　下水汚泥中の有機物をエネルギー・緑農地利用した割合を示したリサイクル率

※4　食品廃棄物等（食品廃棄物及び有価物）については，熱回収等を含めて算定した利用率に改定

※5　本目標値は「資源の有効な利用の促進に関する法律」（平成３年法律第 48 号）に基づき，判断基準省令において定めている古紙利用率の目標値とは異なる

（出典　バイオマス活用推進基本計画（第 3 次）：
(https://www.maff.go.jp/j/press/kanbo/bio_g/attach/pdf/220906-2.pdf)）

■ バイオマスの最大利用可能量（年間）

種類	賦存量	2020年 目標利用率	最大利用可能量（※1） （エネルギー利用割合）	
			2020年	利用率 100%
家畜排せつ物	525万Ct	約90%→約90%	131万Ct （25%）	184万Ct （35%）
下水汚泥	90万Ct	約77%→約85%	19万Ct （21%）	32万Ct （36%）
黒液	466万Ct	約100%→約100%	466万Ct （100%）	466万Ct （100%）
紙	1,034万Ct	約80%→約85%	52万Ct （5%）	207万Ct （20%）
食品廃棄物	80万Ct	約27%→約40%	21万Ct （26%）	69万Ct （86%）
製材工場等残材	170万Ct	約95%→約95%	102万Ct （60%）	111万Ct （65%）
建設発生木材	181万Ct	約90%→約95%	85万Ct （47%）	94万Ct （52%）
農作物非食用部	498万Ct	約30%→約45% （すきこみ除く）	75万Ct （15%）	125万Ct （25%）
林地残材	400万Ct	ほとんど未利用 →約30%以上	120万Ct （30%）	400万Ct （100%）
資源作物	40万Ct ※2	ほぼゼロ →40万Ct	40万Ct （100%）	40万Ct （100%）
計	3,484万Ct	－	1,111万Ct	1,728万Ct

※1：最大利用可能量は，①2020年における利用率目標および②利用率100%をすべてエネルギー利用向けの増加により達成するものと仮定し，試算したもの
※2：資源作物は，2020年の目標生産量
※3：1PJ（ペタジュール）=2.58万kl（原油換算）=2.78億kWh
電力利用可能量は，発電ロス・ガス化効率等を勘案し試算

変換

■ エネルギー利用ポテンシャル（年間）

	2020年	利用率100%
総発熱量	約460PJ／年	約720PJ／年
1.電力利用可能量（※3）	約130億kwh	約220億kwh
（世帯電力（※4））	（約280万世帯分）	（約460万世帯分）
2.燃料利用可能量（原油換算）（※3）	約1,180万kl	約1,850万kl
（ガソリン自動車燃料（※4））	（約1,320万台分）	（約2,080万台分）
3.温室効果ガス削減可能量（※5）	約4,070万t-CO_2	約6,340万t-CO_2
（我が国の温室効果ガス排出量（※6））	（約3.2%相当）	（約5.0%相当）

※4：1世帯当たり電力消費量4,734kwh /年，自動車1台当たりガソリン消費量1,000L /年として試算
※5：最大利用可能量（Ct）をCとCO_2の分子量の比で換算
※6：2010年度速報値12億5,600万t

図 12.24 バイオマス利用のポテンシャル（試算）

（出典　農林水産省，第 5 回バイオマス活用推進会議（平成 24 年 9 月 6 日）資料，バイオマスをめぐる現状と課題：(https://www.maff.go.jp/j/shokusan/biomass/b_suisin/05/attach/pdf/index-3.pdf)）

イオマス活用推進基本計画において，バイオマスの賦存量は，炭素量に換算すると 3,484 万 Ct[8] と推定されており，さらに，**図 12.24** に示したように，利用率 100%をすべてエネルギー利用向けの増加により達成すると仮定して試算された年間のエネルギー利用ポテンシャルは約 720 PJ/年（PJ = 10^{15}）[8] である．これに対し 2020 年度の日本のエネルギー消費量は 12,082 PJ/年 [9] である．

第 4 にバイオマスの炭素は，大気中の二酸化炭素を光合成により吸収したものであるから，最終的にバイオマスを燃焼して大気中に二酸化炭素を放出したとしても，同量の二酸化炭素を再び光合成により固定すれば，大気中の正味の二酸化炭素濃度に変化はないと考えられる（**図 12.25** 参照）．これはバイオマスの「カーボンニュートラル性」[10] と称されている．しかし，二酸化炭素排出が正味ゼロについては，排出した二酸化炭素を新たに植林した樹木や植物が吸収する仮定であることに注意しなければならい．

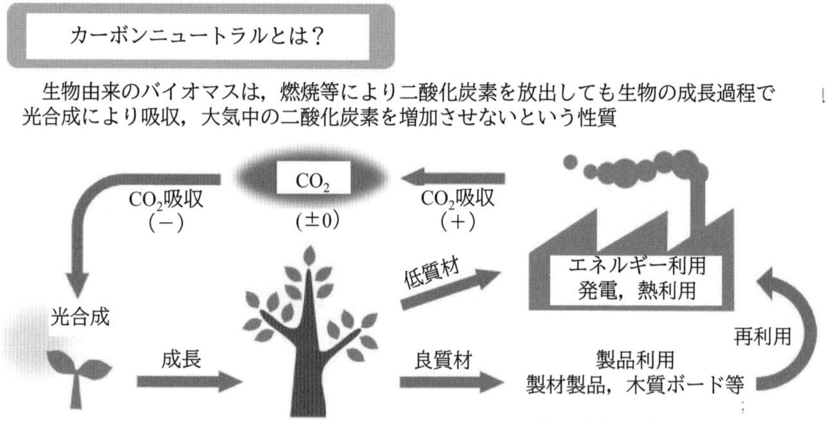

図 12.25　カーボンニュートラルとは

（出典　バイオマス活用推進基本計画（第 3 次）参考資料：
(https://www.maff.go.jp/j/shokusan/biomass/attach/pdf/index-3.pdf)）

12.4.4 バイオマスの欠点

バイオマスの欠点としては次のような事が考えられ，バイオマスの利活用推進を拡大してゆくためには，これらの欠点に対する対策を講じる必要がある．第 1 にバイオマスは，一般的に単位体積当たりの質量が小さく，不定形であり，また，地域に低密度，広範囲に賦存していることから単位面積当たりの生産量が低いため，バイオマスを運搬したり輸送したりする際のエネルギーやコストが大きくなる．さらに，使用前の保管場所も広い面積（空間）が必要になる．

第 2 にバイオマスは，化石資源と比べてエネルギー密度が低い．

第 3 にバイオマスの供給と生産は，一般的に気候や季節変動に影響を受ける．特に日本では，冬季に原料資源を生産できない地域が多い．また,たとえば，冬季には積雪が多いために山間部で木材を収集することが困難になる場合もある．

表 12.3 世界各地域のバイオマス利用状況

	バイオマス [Mtoe]	1次エネルギー総供給 [Mtoe]	シェア
OECD	307.6	5,369.0	5.7%
欧州	148.6	1,715.1	8.7%
米州	139.5	2,787.5	5.0%
アジア・オセアニア	19.6	866.4	2.3%
非OECD	1,004.6	8,696.7	11.6%
アフリカ	382.9	857.0	44.7%
中南米	127.2	560.0	22.7%
アジア（中国除く）	351.4	1,965.1	17.9%
中国	122.3	3,403.4	3.6%
非OECD欧州およびユーラシア	19.9	1,167.3	1.7%
中東	0.9	743.9	0.1%
世界計	1,312.4	14,485.8	9.1%
日本	9.9	415.3	2.4%

（注）中国の値は香港を含む.
（IEA「World Energy Balances 2021 Edition」より）

（出典 資源エネルギー庁，令和 3 年度エネルギーに関する年次報告（エネルギー白書 2022）p141：(https://www.enecho.meti.go.jp/about/whitepaper/2022/pdf/2_2.pdf)）

12.4.5　バイオマスの利用状況

バイオマスは発電用燃料，輸送用燃料等として用いられている．また開発途上国を中心に薪や木炭のような利用形態もある．**表 12.3** に示すように，世界全体でみると，1 次エネルギー総供給に占めるバイオマス利用の割合は，9.1%（2019 年時点）である．先進国では，地球温暖化の問題等を背景としてバイオマスの利活用を推進する国が増加しているが，OECD 諸国平均では，バイオマス利用の割合は 5.7%(2019 年時点) であり，日本においては，2.4%（2019 年時点）であった．一方，非 OECD 諸国におけるバイオマス利用の割合の平均は 11.6%（2019 年度）であり，たとえば，アフリカでは 44.7%（2019 年度）と高い値であるが，経済成長に伴い，灯油，都市ガス，電気等のエネルギー利用が増加すると，バイオマスの割合が低下することが予想される．

12.4.6　バイオマスのエネルギー利用方法

バイオマスのエネルギー利用は，熱化学的変換と生物化学的変換に大別される．熱化学的変換による利用では，(1) 直接燃焼，(2) 混焼，(3) ガス化，(4) 炭素化，(5) バイオディーゼル燃料等がある．一方，生物化学的変換による利用では (1) メタン発酵，(2) エタノール発酵等がある．

12.4.7　直接燃焼・混焼

直接燃焼は，**図 12.26** に示したように，燃焼ボイラでバイオマスを直接燃焼させ，発生した水蒸気でタービンを駆動して発電する，あるいは，温水や水蒸気を熱利用する方法である．この方法によく用いられるバイオマスは，比較的含水率の低いバイオマスであり，木質系廃材や未利用材等をチップやペレットに変換して用いられる．直接燃焼においては，電力への変換効率が 10〜20%程度とされており，エネルギー効率はあまり高くない．

バイオマス燃料の特徴は，**表 12.4** に示したように，発熱量が石炭の 1/2〜2/3 程度であるが，硫黄含有量は，石炭に比べて少ないことから燃焼時の硫黄酸化物発生量が少ないことである．また木材の場合は，窒素含有量も少ないため燃焼時の窒素酸化物発生量も少ない．硫黄酸化物や窒素酸化物は，大気汚染防止法でも規制されている代表的な大気汚染物質である．さらに，木材の場合は，

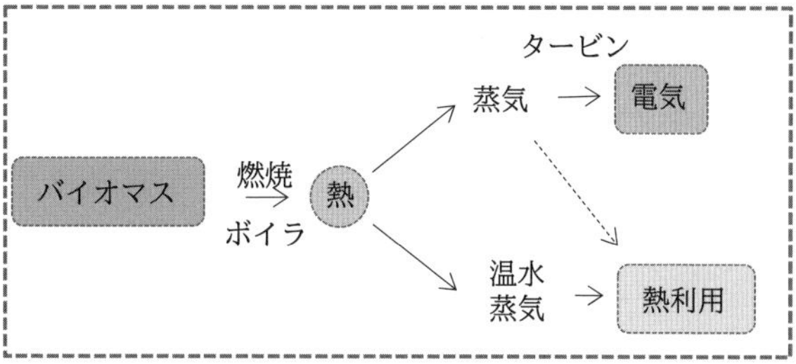

図 12.26　直接燃焼の概要

表 12.4　各種燃料の元素組成と発熱量

燃料	C [wt.%]	H [wt.%]	O [wt.%]	N [wt.%]	S [wt.%]	灰分 [wt.%]	高位発熱量 [MJ/dry-kg]
ピッツバーグ石炭	73.3	5.3	10.2	0.7	2.8	7.6	30.4
ワイオミング石炭	70.0	4.3	20.2	0.7	1.0	13.8	33.5
木材	52.0	6.3	40.5	0.1	0.0	1.0	20.9
マツ樹皮	52.3	5.8	38.8	0.2	0.0	2.9	20.4
バガス	47.3	6.1	35.3	0.0	0.0	11.3	21.2
生ゴミ	45.5	6.8	25.8	2.4	0.5	19.0	16.4
牛ふん	42.7	5.5	31.3	2.4	0.3	17.8	17.2
もみがら	38.5	5.7	39.8	0.5	0.0	15.5	15.4
わら	39.2	5.1	35.8	0.6	0.1	19.2	15.2

（出典：日本エネルギー学会編，バイオマスハンドブック (2002) オーム社）

石炭に比べて灰分も少ない．灰分が多い燃料は，ボイラ伝熱面への灰分の付着により伝熱性能が低下する等の障害を起こすことがある．

直接燃焼においては，原料の水分が多いと，バイオマスの燃焼熱の大部分が水分の蒸発潜熱として消費され，エネルギー効率に影響する．25 °C の水の比熱は,4.184 J/g・K であるが，1 気圧，100 °C の水の蒸発潜熱（蒸発熱）は，2258 J/g であり，水分の蒸発は，25 °C の水を 100 °C まで加熱するよりもかなり大きな熱が必要であることがわかる．**図 12.27** に示したように，たとえば，木材の場合，含水率（湿量基準）が 20%になると，高位発熱量は，絶乾状態（含水率 0%）の約 3/4，40%では約 1/2 まで低下するため，原料の水分を低減する必要がある．立木（幹）の含水率（湿量基準）は 50%程度ある．ここで含水率（湿

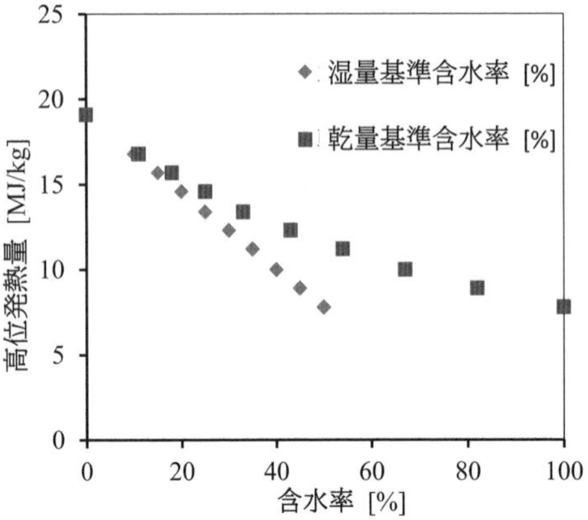

図 12.27　発熱量への含水率の影響

（出典：林業試験場編，木材工業便覧（1951））

量基準）とは，水分を含む木材全体の重量に対する水分量を百分率で表したものである．一方，乾量基準は，水分を含まない木材の重量に対する水分量を百分率で表す．

木質バイオマスの直接燃焼において，5,000 kW 級の発電施設の場合，必要なバイオマス燃料は約 6 万 t/年（約 10 万 m^3/年）であるが，経済性を考慮すると集荷想定範囲半径は約 50 km とされている．たとえば，2021 年度における石川県の年間素材生産量は 10.8 万 m^3（福島県 89.0 万 m^3，滋賀県 7.2 万 m^3）[11] であり，5,000 kW 級の発電施設では，石川県全体の素材生産量（製材用，合板等用，木材チップ用の合計）に匹敵する量の木質バイオマスを 1 年間で燃料として使用し，さらにこれを半径 50 km 圏内から収集する必要がある．

大規模な化石燃料燃焼施設において，バイオマスを混入して燃焼する方法を混焼という．混焼では，化石燃料の燃焼によって生成された高温場でバイオマスも一緒に燃焼するため，バイオマス燃料のみで発電する場合に比べて発電効率の向上が期待できる．特に，石炭火力発電所等では規模が大きいため発電効率が高く，バイオマスのみを燃焼するより高効率でエネルギー利用できる．また，化石燃料の代わりにバイオマスを利用することで化石燃料の消費を削減でき，その分二酸化炭素排出量を削減することができる．一方，バイオマスの混合率が増えるほど，発電効率は低下するため，一般的には，バイオマスの混入割合として数%程度（熱量ベース）で混焼する．またバイオマスは，石炭と比べて粉砕しにくいため，ボイラで燃焼する前の粉砕工程で電力消費量が大きくなる欠点もある．

● コラム　（株）グリーン発電会津の例（図 12.28）

福島県会津若松市の（株）グリーン発電会津では，平成 24 年 7 月より山林未利用材から製造した木質チップを燃料として木質バイオマス燃焼発電を行っている．木質チップ年間 6 万 t（水分 40%）を用いて 5,700 kW の規模で発電し，約 1 万世帯分の電気を供給している．

12.4.8 木質ペレット

おが粉や樹皮を**図 12.29** に示すようなペレット状に圧縮，成型した木質燃料を木質ペレットという．木質ペレットは，結合剤を添加せずに成形することができ，円筒形で一般的には，直形 6～12 mm，長さ 10～25 mm，真比重 1.0～1.4，見かけの比重 0.6～0.7，含水率 10～15%程度である．

木質ペレットの特徴は，第 1 に取扱い性（ハンドリング）に優れていることである．木材をペレット状にすることにより，形状が一定になるため，貯留装置，搬送装置，燃焼装置への供給装置等を簡易な装置にすることができ，また，燃焼装置における出力制御も容易になる．さらに，形状が一定であることから，燃焼装置において燃焼用空気との混合状態が良くなり，また含水率が一定であることから，エネルギー密度も高く，発熱量が安定する特徴がある．

第 2 に木質ペレットは，輸送効率が高いことが特徴である．木質チップの見かけの比重が約 0.2 であるのに対して，木質ペレットの場合，見かけの比重が 0.6～0.7 であるため，同重量を輸送あるいは貯蔵するために必要な体積が少ない．また，ほぼ粒状物質として取扱うことができるため，袋詰製品やフレコンバック，コンテナ等で容易に輸送できる．

第 3 に木質ペレットは，貯留性の良さが特徴である．木質ペレットは，エネルギー密度が比較的高いことから貯留容積が小さくなる．また，木質ペレット

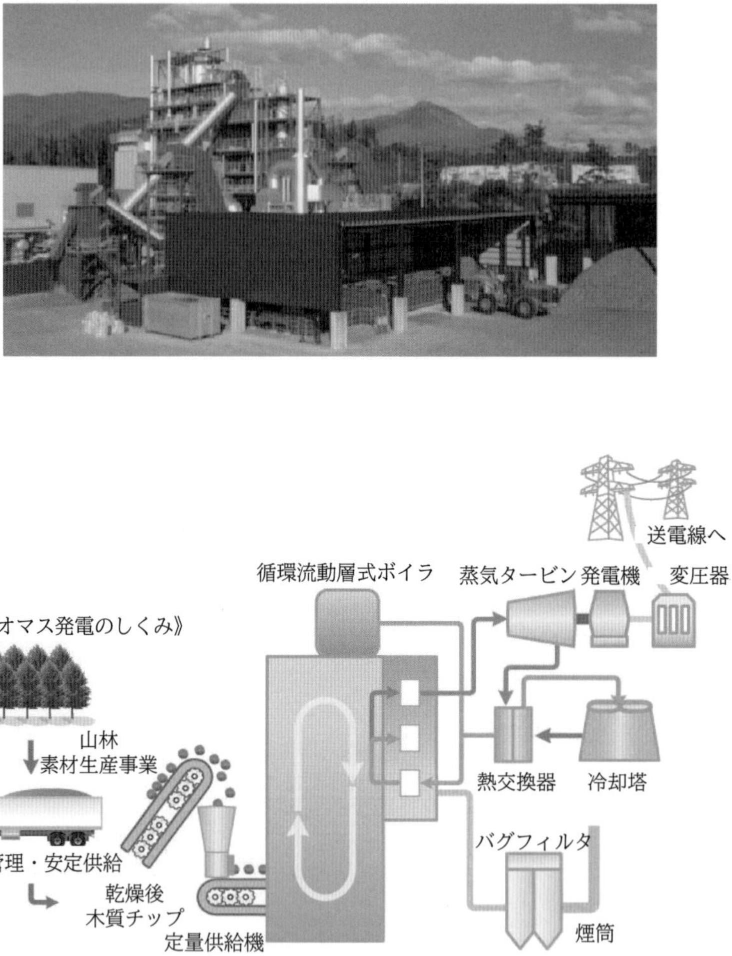

図 12.28　（株）グリーン発電会津の事例

（出典　林野庁，平成 24 年度森林・林業白書：
(http://www.rinya.maff.go.jp/j/kikaku/hakusyo/24hakusyo/pdf/21hon6-3.pdf),
（株）グリーン発電会津 HP：(http://gh-aizu.co.jp/about_biomass/)）

図 12.29　木質ペレット

（出典　日本木質ペレット協会 HP：
(http://w-pellet.org/)）

表 12.5　木質ペレットと灯油の比較

項目	灯油	木質ペレット
低位発熱量 [MJ/kg]	47	17〜19
見かけの比重	0.78〜0.80	0.6〜0.7
真比重	0.78〜0.80	1.0〜1.4
灰分 [%]	–	樹幹 0.5〜1.0 樹皮 3〜5

（出典：日本エネルギー学会編，バイオマスハンドブック
(2002) オーム社）

の製造時に，木材成分であるリグニンが溶融し，表面をコーティングすることにより，対湿性能が向上する．

一方，たとえば灯油と比較すると，**表 12.5** に示すように木質ペレットの低位発熱量は，灯油の 40%程度であり，また見かけの比重は，灯油の 80%程度であるため，灯油と同じ発熱量が得られる木質ペレットの貯留容積は，灯油の約 3 倍ということになる．

木質ペレット製造においては，おが粉または樹皮を高温で圧縮（ペレット製造の条件例 100〜150 °C で約 70 MPa）することにより，木材の繊維細胞が破壊され，リグニン，糖分，ペクチン等が可塑化浸出し，それらが結合剤として機能して成型される．木質ペレットは，**図 12.30** に示すようなリングダイ方式やフラットダイ方式の成型機を用いて製造される．

国内における木質ペレットの生産量の推移を**図 12.31** に示す．木質ペレット

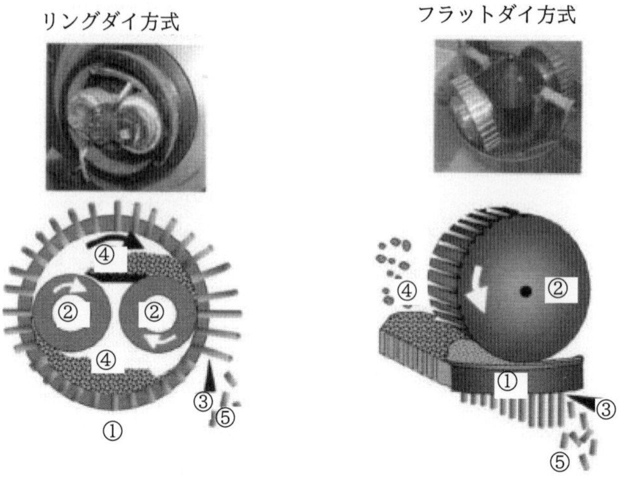

①ダイス，②圧縮ローラー，③カッター，④原料，⑤ペレット

図 12.30　木質ペレット成型機の種類と成型方法

（出典　日本木質ペレット協会 HP：(http://w-pellet.org/pellet-2/seizou2/)）

の国内生産量および工場数は年々増加傾向であり，令和元（2019）年の生産量は 14.7 万 t であった．これに対して令和 4 年（2022 年）の輸入量は，441 万 t[12] であった．

一方，世界の木質ペレット生産量は**図 12.32** に示したように，世界全体で 4,050 万 t（2019 年），4,430 万 t（2021 年）[13] であり，特にアメリカやヨーロッパ（EU 諸国）での生産量が多い．

木質ペレットの価格は，末端価格で 25～60 円/kg 程度であるが，木質ペレットの発熱量（17～19 MJ/kg）から単位熱量当たりの価格を計算すると，1.3～3.5 円/MJ となる．一方，A 重油の発熱量 38.9 MJ/L と A 重油の価格 97.8 円/L（2023 年 1 月の小型ローリー納入価格）から A 重油の単位熱量当たりの価格は 2.51 円/MJ と計算される．さらに，灯油の発熱量 36.49 ML/L と灯油の価格 110.9 円/L（2023 年 3 月の店頭現金小売価格）から灯油の単位熱量当たりの価格は 3.04 円/MJ と計算される．したがって，25 円/kg のような価格であれば重油や灯油に比べて安価であるが，60 円/kg のペレットの場合，重油や灯油より

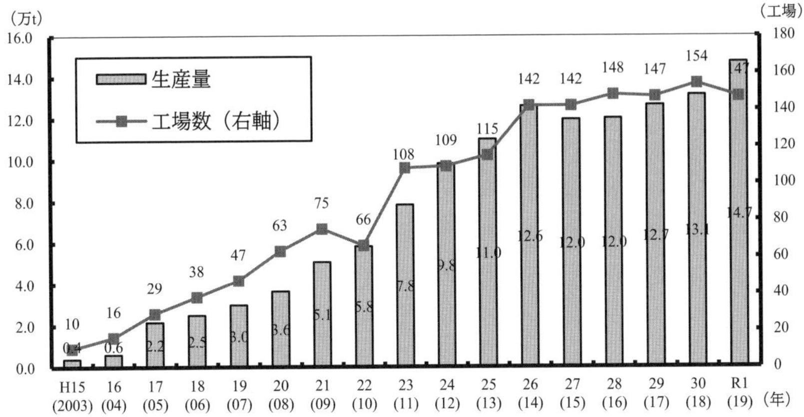

図 12.31 木質ペレットの生産量の推移

（出典 林野庁，令和 2 年度林業白書：
(https://www.rinya.maff.go.jp/j/kikaku/hakusyo/R2hakusyo/attach/pdf/zenbun-92.pdf)）

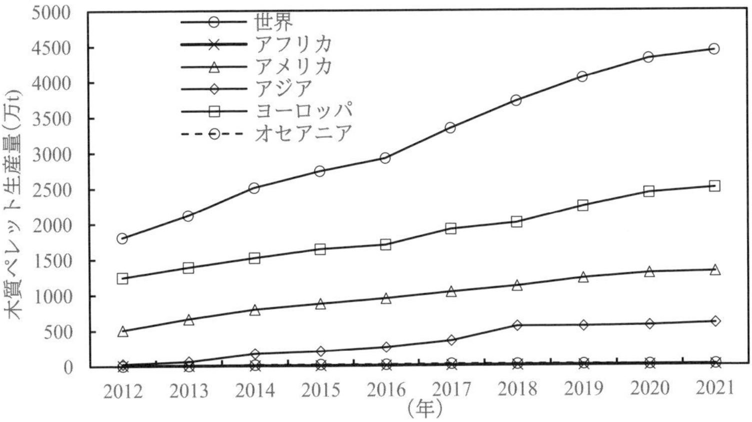

図 12.32 世界の木質ペレット生産量

（出典 World Bioenergy Association, WBA GLOBAL BIOENERGY STATISTICS 2021：
(https://www.worldbioenergy.org/uploads/211214%20WBA%20GBS%202021.pdf),
World Bioenergy Association, WBA GLOBAL BIOENERGY STATISTICS 2022：
(https://www.worldbioenergy.org/uploads/221223%20WBA%20GBS%202022.pdf)）

も高価である．また，木質ペレットの燃焼装置は，灯油や重油のボイラに比べてかなり高価である．さらに，ベトナム，カナダ等からの木質ペレットの輸入量が年々増加しており，令和 4 年（2022 年）の輸入量は，国内の生産量の 30 倍近い約 441 万 t[12)]であった．木質ペレットの輸入単価（加重平均）は 27.1 円/kg と国内の安価なペレットと同程度であり，海外から安価なペレットが大量に輸入されている状況である．

● コラム　相馬共同火力発電（新地発電所）の例（図 12.33）

福島県相馬郡新地町にある相馬共同火力発電株式会社新地発電所では，低炭素社会へ寄与するため，環境負荷の低いエネルギーの利用を目的として，平成 27 年 3 月から主にカナダ，中国から輸入した海外産の木質ペレットを石炭に混合した燃料を用いて火力発電（出力 100 万 kW 2 基）している．石炭の年間使用量は約 450 万 t，木質バイオマス燃料の使用量は年間最大 14 万 t，混焼率は熱量ベースで約 3%であり，これによる二酸化炭素排出削減量は年間最大 23 万 t である．

12.4.9　ガ ス 化

ガス化は，熱分解およびガス化剤を用いた化学反応により，バイオマスをガス燃料または化学原料ガス（合成ガスと呼ぶ）に変換するプロセスである．ガス化剤は，バイオマスを可燃性ガスに変換する化学反応を起こすための物質であり，空気，酸素，水蒸気，二酸化炭素等が単独あるいは組み合わせて使われる．**図 12.34** に示したように，熱分解とガス化剤との反応により生成したガス燃料をガスタービンやガスエンジンに供給して発電する．あるいは生成したガス燃料をボイラ燃料として利用する場合もある．ガス化プロセスでは，小規模でも大規模直接燃焼発電に近い 20%以上の発電効率が得られると言われている．一方，ガス化プロセスにおいて発生したタールが，配管や機器へ付着してトラブルを起こすことが多く，また直接燃焼に比べて設備コストが高いことが課題である．

バイオマスのガス化プロセスは基本的には次に説明するようなプロセスで進

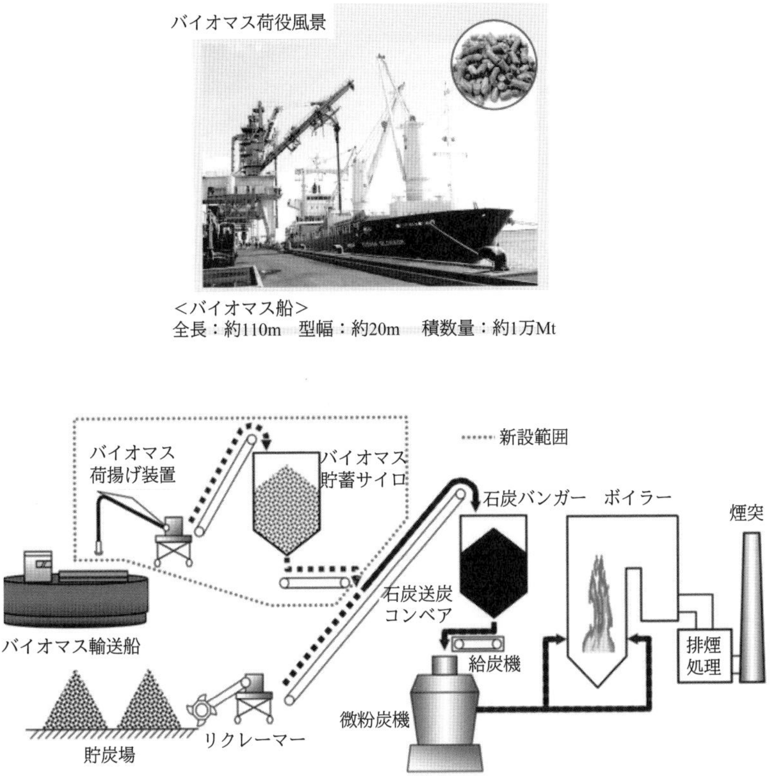

図 12.33　相馬共同火力発電（株）新地発電所の事例

（出典　相馬共同火力発電 HP：(http://www.somakyoka.co.jp/assets/doc/h270209.pdf)，(http://www.somakyoka.co.jp/eqipment08.html)）

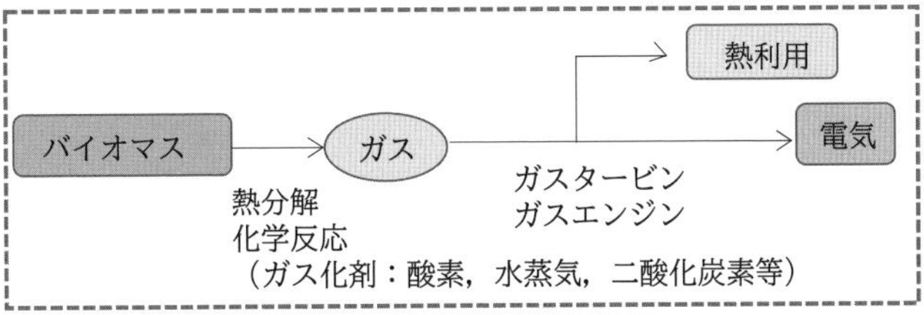

図 12.34　バイオマスのガス化プロセス

行する．

バイオマスの温度が上昇すると，表面水分に続き固有水分が蒸発する．さらに温度が上昇し，200〜300 °C になるとバイオマスは，熱分解し，CO，CO_2，H_2 等がガスとして気化する．このときの熱分解反応は，一般的に発熱反応である．さらに温度が上昇すると，揮発物質が，軽質の炭化水素から重質の炭化水素へ変わっていく．また生成した炭化水素は，ガス化剤と反応して，より低分子のガスに変換されるが，ガス化剤の拡散が遅い場合等は，炭化水素が縮合してタールやすすが発生する．タールは，高温ではガス状であるが，冷やされると黒い油状の液体になる．タールの成分は，主に高分子炭化水素であり，特に多環芳香族が多く含まれる．原料のバイオマスが熱分解を終えた後，残った炭（チャー）も，ガス化剤と反応し，チャーの炭素分が CO や CO_2 に変換される．ガス化剤として水蒸気を用いた場合は，CO，CO_2 の他に H_2 も生成する．

タール，すす，チャーの発生がなくバイオマスのガス化が進行した場合，バイオマスのガス化反応は次式のように示すことができる．

$$C_nH_mO_p + aO_2 + bH_2O \rightarrow cCO + dCO_2 + eH_2 + C_xH_y$$

ここで $C_nH_mO_p$ はバイオマスを示しており，O_2，H_2O がガス化剤である．C_xH_y は炭化水素を表している．バイオマスのガス化により生成するガス燃料は，含まれる CO，H_2，C_xH_y のような可燃ガスの含有量によって発熱量が決まる．空気や酸素がガス化剤として使われた場合，バイオマス燃料および生成ガスの一部が燃焼するため，酸素の割合が多いほど生成ガスの発熱量は，小さくなる．**表 12.6** に空気をガス化剤として用いたバイオマスのガス化による生成ガスの組成の例を示す．この場合，発熱量は 5.4〜6.7 MJ/Nm^3 である．

表 12.6　バイオマスのガス化による生成ガスの組成例

	組成 [vol%]
水素	13〜16
一酸化炭素	23〜26
二酸化炭素	9〜11
メタン	2〜3
窒素	44〜45
エタン	0.05〜0.08
エチレン	0.6〜0.9

（出典　環境省，中央環境審議会 循環型社会計画部会懇談会，平成 21 年 10 月 16 日秩父市発表資料：(https://www.env.go.jp/council/former2013/04recycle/y040-kondan07/mat03-2.pdf)）

ガス化の実用機の事例として**図 12.35** に示すような固定床ガス化炉がある．この例の場合，ガス化炉上部からバイオマスが供給されるが，ガス化剤は炉の下部から導入され，ガス化炉上部から生成ガスが排出される．ガス化炉内では，下部ほど高温であり，上部から供給されたバイオマスは炉内を下部へ移動しながら熱分解され，チャーが生成する．ガス化炉内の最下部では，熱分解の結果生成したチャーが，炉の下部から導入されたガス化剤中の酸素により燃焼する．一方，ガス化剤中の酸素は，チャーの燃焼により消費され熱ガスが生成し，炉の上部へ流れてゆく．チャー層の上部では，チャーとガス化剤中の水蒸気が水性ガス化反応（$C+H_2O(g) \rightarrow CO+H_2$）し，一酸化炭素と水素に変換される．さらに熱ガスが上昇すると，熱ガス温度（炉内温度）は徐々に低下する．250～800 °C の温度帯では，炉の上部から供給されたバイオマスが熱分解するとともに，バイオマスからの揮発分がガス化剤と反応して低分子化される．さらに熱

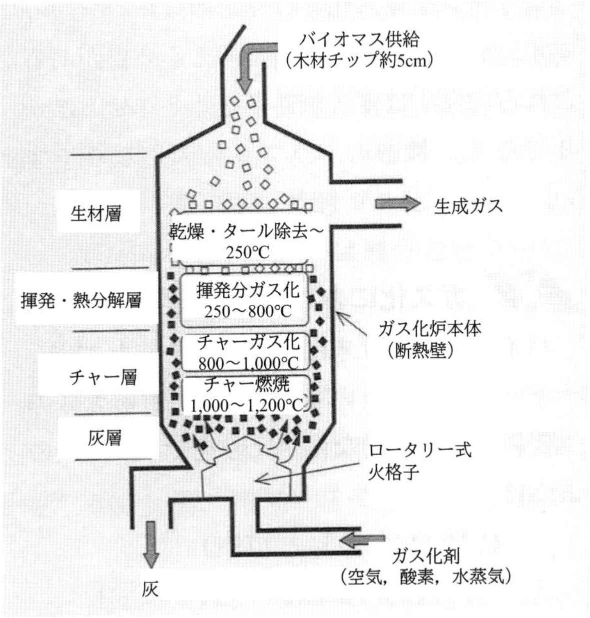

図 12.35　バイオマスの固定床ガス化炉の例

（出典：日本エネルギー学会編，バイオマスハンドブック (2002) オーム社）

ガスが上昇し，炉内温度が低下すると，タールが発生し，上部から供給されたバイオマスに付着することで生成ガスからある程度除去されるが，生成ガスの出口付近でタールが付着して装置のトラブルを起こすことがある．また炉内上部では，供給されたバイオマスにタールが付着するとともにバイオマスが乾燥される．最終的に，生成ガスは，ガス化炉上部から排出され，炉の下部からはチャーの燃焼の結果残った灰と未燃焼のチャーが排出される．

ガス化のエネルギー効率は，一般的に式 (12.1) に示す冷ガス効率で評価される．

$$\text{冷ガス効率 } E_c[\%] = \frac{\text{生成ガス中に含まれる可燃ガスの } HHV}{\text{ガス化に使われたバイオマス原料の } HHV} \times 100 \qquad (12.1)$$

ここで HHV は高位発熱量である．

例題 12.1　バイオマスのガス化における冷ガス効率

高位発熱量が 20.0 MJ/kg の木質チップがある．この木質チップをガス化した際，木質チップ 1.00 kg 当たり，水素ガスが 0.40 Nm^3，一酸化炭素が 0.50 Nm^3，メタンが 0.080 Nm^3 得られた．水素ガス，一酸化炭素，メタン以外の可燃ガスは生成しなかったとして，この木質チップのガス化における冷ガス効率を計算しなさい．ただし，各ガスの高位発熱量 MJ/Nm^3 は次の値を用いなさい．

水素：13 MJ/Nm^3, 一酸化炭素：13 MJ/Nm^3, メタン：40 MJ/Nm^3

（解）

式 (12.1) より，

冷ガス効率 $E_c[\%]$

$$=\frac{0.40[\mathrm{Nm^3}]\times 13[\mathrm{MJ/Nm^3}]+0.50[\mathrm{Nm^3}]\times 13[\mathrm{MJ/Nm^3}]+0.080[\mathrm{Nm^3}]\times 40[\mathrm{MJ/Nm^3}]}{1.00[\mathrm{kg}]\times 20.0\{\mathrm{MJ/kg}\}}\times 100$$

$$=\frac{5.2[\mathrm{MJ}]+6.5[\mathrm{MJ}]+3.2[\mathrm{MJ}]}{20.0\{\mathrm{MJ}\}}\times 100$$

$=74.5[\%]$

12.4.10 炭素化

空気（酸素）の供給を遮断または制限した状態で，一般的には 400～1,000 °C で原料を加熱し，気体（木材が原料の場合，木ガスという），液体（酢液，タール），固体（炭素化物）の生成物を得る技術を炭素化（あるいは炭化）と呼ぶ．

たとえば，木材を酸素遮断下で加熱すると，200 °C までに木材中の大部分の水分が蒸発した後，200～400 °C で木材の主な構成成分であるセルロース，ヘミセルロース，リグニンが熱分解（ヘミセルロースの分解温度範囲 180～300 °C，セルロース 240～400 °C，リグニン 280～550 °C）し，分解生成物が蒸発した結果，重量が減少する．主な熱分解反応は 450～500 °C で終了し，500 °C 以上になると H_2 を発生しながら木材中の炭素分が縮合して多環芳香族構造が発達し，炭素の割合が 80%を超える固体残渣が得られる．なお，700 °C 以上ではガス化反応が進行し，主に H_2, CH_4, CO, CO_2 等の気体生成物が得られる．炭素化により得られる固体残渣を炭素化物（炭，チャー）と呼び，熱分解の生成物が冷却・凝縮して生じる液体を木酢液，タールと呼ぶ．タールは，高分子炭化水素で，特に多環芳香族が多く含まれ，高温で気体状態であるが，沸点以下では黒い油状液になる．

炭素化による主な生成物は炭素化物であるが，炭素化のプロセスにおいては炭素化物だけでなくタールや水素，一酸化炭素等の可燃ガスも同時に得られる．ただしタール製造法としてはタール収率が低く，可燃ガス生産法としては，ガス化法に比べて可燃ガス生成量が少ないが，炭素化プロセスは一般的に装置が安価で運転操作が容易である特徴がある．

表 12.7 薪と木炭の発熱量

	固有単位	発熱量
薪	kg	16.7～19.3 MJ
コナラ黒炭	kg	28.9～31.4 MJ
コナラ白炭	kg	28.5～29.7 MJ

（出典：宮藤久士，坂志朗，材料，55(2006)356）

炭素化物は，古くからエネルギー源として用いられており，また長期保存可能であり，さらに木炭の場合は，硫黄と窒素の含有量が低いため，燃焼した際に硫黄酸化物や窒素酸化物の排出が少ないという特徴を有する．一方で，**表 12.7，12.8** に示したように木炭の発熱量は薪よりは高いが，石油より低く，また他の化石燃料に比べて密度が小さい等の欠点がある．

表 12.8　化石燃料の標準発熱量

エネルギー源	固有単位	2018年度標準発熱量（HHV）
石炭（輸入原料炭）	kg	28.74 MJ
原油	L	38.26 MJ
灯油	L	36.49 MJ
軽油	L	38.04 MJ
A重油	L	38.90 MJ
都市ガス	m^3-N	39.96 MJ

（出典：標準発熱量・炭素排出係数（総合エネルギー統計））

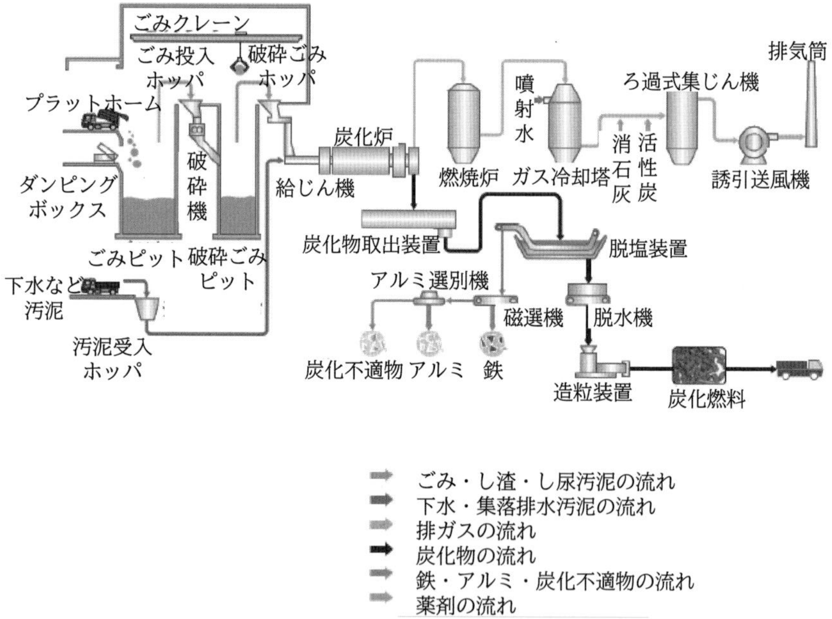

図 12.36　一般廃棄物（ごみ）炭化処理施設の

（出典：清水正也，松永一博，浦島真人，小竹正人，内田博之，一般廃棄物炭化燃料化施設のエネルギー回収について，第27回廃棄物資源循環学会研究発表会講演要旨，262 (2016)）

● コラム　西海市炭化センターの例（図 12.36）

長崎県西海市にある西海市炭化センターでは，平成 27 年 7 月より西海市で発生する一般廃棄物・汚泥等から炭化燃料を製造（2015 年度の炭化燃料製造量推定値 1,451 t/年[14)]）し，製造した炭化燃料を民間の発電施設で石炭混焼燃料として有効利用する取り組みを行っている．エネルギー回収や熱利用が難しい廃棄物系バイオマス資源を小規模施設でもエネルギー利用できる事例である．

12.4.11　バイオディーゼル燃料

バイオディーゼル燃料（BDF: Bio Diesel Fuel）は，ひまわり，パームのような油糧作物や廃食用油のような油脂から化学反応により製造された軽油に類似した性状の液体（メチルエステル）であり，軽油の代替としてディーゼル車等で使用される．ディーゼル車等でバイオディーゼル燃料を用いるとき，軽油に混合して用いる場合と混合せずにそのまま用いる場合がある．軽油にバイオディーゼル燃料を混合したとき，混合割合によって，B5 や B20 のように表記される．B の後ろの数値は，軽油への混合割合%を表している．また，軽油に混合せずにバイオディーゼル燃料のみで用いる場合は，B100 と表記される．日本国内では，揮発油の品質の確保等に関する法律により，軽油にバイオディーゼル燃料を混合して用いる場合，5 質量%以下にすることが定められていることから，国内では一般的に B5 で用いられる．また，バイオディーゼル燃料を混合した軽油を販売するとき，軽油取引税の課税対象となり，32.1 円/L が販売価格に上乗せされる．一方，B100 で用いられる事例もあるが，この場合は，車両等のトラブル等を起こすリスクが高くなることを十分に理解した上で，自己責任において利用することとされているが，B100 の場合は軽油取引税の課税の対象外である．国内外におけるバイオディーゼル燃料の生産量と原料を**表 12.9** に示す．特に EU，米国，ブラジル，インドネシア等でバイオディーゼル燃料の生産量が多い．

バイオディーゼル燃料の原料として，一般的には菜種油，ヒマワリ油，大豆油，パーム油，廃食用油等が用いられる．植物油は，植物の種や果肉等を絞って取れる油であり，脂肪酸とグリセリンのエステル（油脂）が主な成分である．

表 12.9　国内外におけるバイオディーゼル燃料の原料と生産量

	原料	生産量
日本	廃食用油	1.2 万 kL（2020）
EU	菜種，パーム，廃食用油	1,596 万 kL（2020）
米国	大豆	690 万 kL（2018）
ブラジル	大豆	627 万 kL（2020）
タイ	パーム	198 万 kL（2020）
インドネシア	パーム	780 万 kL（2020）
中国	廃食用油	146 万 kL（2020）

（出典　三菱総合研究所，令和 2 年度燃料安定供給対策に関する調査など報告書：(https://www.meti.go.jp/meti_lib/report/2020FY/000038.pdf)，北川尚美，バイオ液体燃料の現状と未来を考える，学術の動向，25(1) 42-47(2020)：(https://www.jstage.jst.go.jp/article/tits/25/1/25_1_42/_pdf/-char/ja)）

図 12.37 に示すようにグリセリンの 3 つの水酸基（-OH）すべてに脂肪酸が結合してエステル化された油脂をトリグリセリドと呼び，1 つあるいは 2 つの水酸基がエステル化された油脂をそれぞれモノグリセリド，ジグリセリドと呼ぶ．

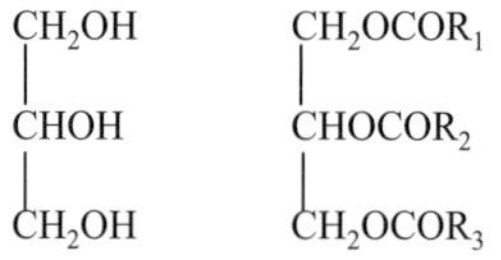

グリセリン　　油脂（トリグリセリド）

図 12.37　グリセリンと油脂の構造

植物油は，**表 12.10** に示したように軽油に比べて動粘度が高く，そのままディーゼル燃料として使用した場合，噴霧状態や燃焼状態が悪くエンジンに不具合が生じる懸念があるため，植物油をそのままディーゼルエンジンに使用するには，エンジンの改良が必要になる．これに対して植物油をエステル化してバイオディーゼル燃料にすることで，既存のディーゼルエンジンで使用することが可能となる．植物油のエステル化のためには，メチルアルコール（メタノール），エチルアルコール，プロピルアルコール等のアルコールが用いられるが，コスト面から一般的にはメチルアルコールが用いられ，植物油がメチルエステル化される．植物油をメチルエステル化することにより，植物油からグリセリンが除かれ，液性が改善された結果，ディーゼル油として適した物性となる．

バイオディーゼル燃料の製造方法としては，アルカリ触媒を用いたエステル

表 12.10　軽油，菜種油，バイオディーゼル燃料の性状比較

項目	軽油	菜種油	バイオディーゼル燃料
比重 15 ℃	0.84	0.92	0.88
動粘度 30 ℃	3.5	50.8	5.6
流動点 [℃]	−22.5	−17.5	−5.5
引火点 [℃]	80	320	135〜145
発熱量 [kcal/kg]	10,600	9,300	9,000

（出典　国土交通省，高濃度バイオディーゼル燃料等の使用による
車両不具合防止のためのガイドライン（指導要領）：
(https://www.mlit.go.jp/common/000032568.pdf)）

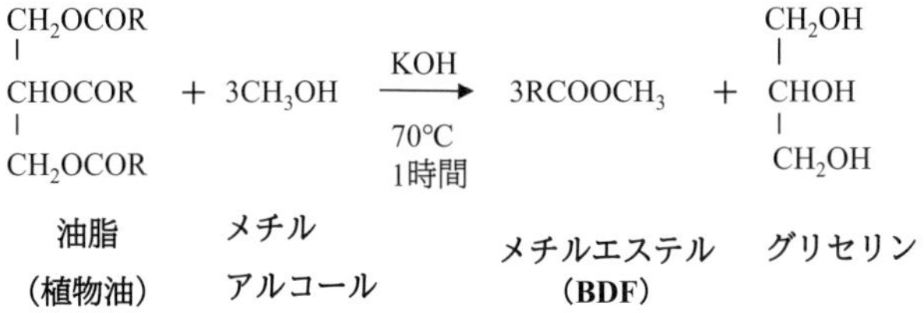

図 12.38　エステル交換反応（アルカリ触媒法）

交換反応が一般的に用いられる．**図 12.38** に示したように，水酸化カリウムのようなアルカリ触媒の存在下で，植物油をメチルアルコールと反応させることにより，メチルエステルが得られる．

廃食用油からのバイオディーゼル燃料の製造プロセスの例を**図 12.39** に示す．バイオディーゼル燃料の主な製造工程は，前処理，エステル交換反応，分離，水洗浄，水分除去である．前処理工程では，エステル交換反応の効率を向上させるために，原料中の夾雑分と水分が除去される．エステル交換反応の工程では，前処理された原料に，メチルアルコールとアルカリ触媒を加え，加熱によりエステル交換反応させるとメチルエステルとグリセリンが生成する．エステル交換反応の後，静置すると比重差により，メチルエステルとグリセリンに分離するため，下層にあるグリセリンを排出する．グリセリンを排出した後のメチルエステル層には，アルカリ触媒，未反応のメチルアルコール，残留グリセリン等の不純物が多く存在するため，水でメチルエステル層を繰り返し洗浄することにより，メチルエステルを精製する．最終的にメチルエステル中に残留

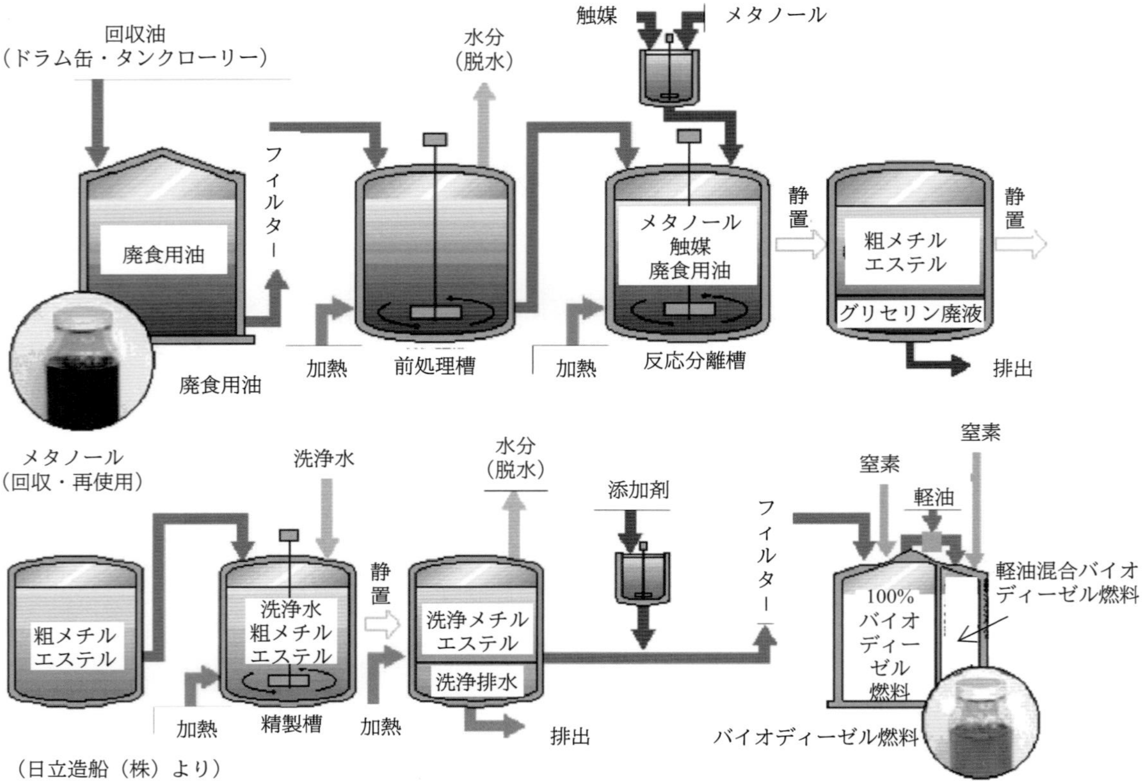

（日立造船（株）より）

図 12.39　BDF の製造（アルカリ触媒法）

（出典　平成 19 年版　環境循環型社会白書，環境省：(https://www.env.go.jp/policy/hakusyo/h19/html/hj07020102.html)）

する水分を加熱して除去し，バイオディーゼル燃料として使用される．

バイオディーゼル燃料製造の洗浄工程は重要であり，精製したメチルエステルの洗浄が不十分であると，ディーゼルエンジン等の燃料として使用した際に，さまざまなエンジントラブルを発生させる原因となる．たとえば，エステル交換反応の副生成物であるグリセリンが多く残留していると，燃料フィルターの目詰まりや噴射ポンプの作動不良の原因となる．また，未反応のメチルアルコールが多く残留していると，バイオディーゼル燃料の引火点の低下や燃料タンクの腐食，排気ガス中のアルデヒド類の増加の原因となる．さらに，アルカリ触媒由来のカリウム等の金属類が多く残留していると，バイオディーゼル燃料を燃焼した後に残る灰分が燃焼室内に堆積し，シリンダーやピストンの摩耗の原因となる．

表 12.10 に示したように，軽油に比べてバイオディーゼル燃料の引火点が高いため，バイオディーゼル燃料の取扱上の安全性は高いが，メチルアルコールが多く残留した場合，引火点が低くなり問題となることがある．一方，軽油に比べてバイオディーゼル燃料の流動点が高いため，特に寒冷地における使用の際，冬場にバイオディーゼル燃料の流動性が悪くなり使用に問題が生じることがある．また，軽油に比べてバイオディーゼル燃料の発熱量が 15%程度低く，同じ燃料供給速度ではバイオディーゼル燃料の出力は低下する．バイオディーゼル燃料を用いた際の排ガスは，硫黄分が軽油よりも少ないため，バイオディーゼル燃料を用いた場合，硫黄酸化物の低下が期待される．一方，ディーゼル排ガスで問題視されている黒煙については，バイオディーゼル燃料が含酸素燃料であるために軽油に比べて黒鉛が少ないという特徴を有している．しかし，近年は，自動車排ガス規制（窒素酸化物（NOx）と粒子状物質（PM））が厳しくなったこともあり，最新の車両でバイオディーゼル燃料を使用すると排ガスの規制に対応できないという問題が生じている．したがって，第 2 世代のバイオディーゼル燃料としてバイオ軽油の開発研究が進められているが，現時点では製造コストの問題等がある．バイオ軽油は，植物油の接触分解と水素化により製造した軽油代替燃料で軽油と同様に炭化水素を主成分としている．

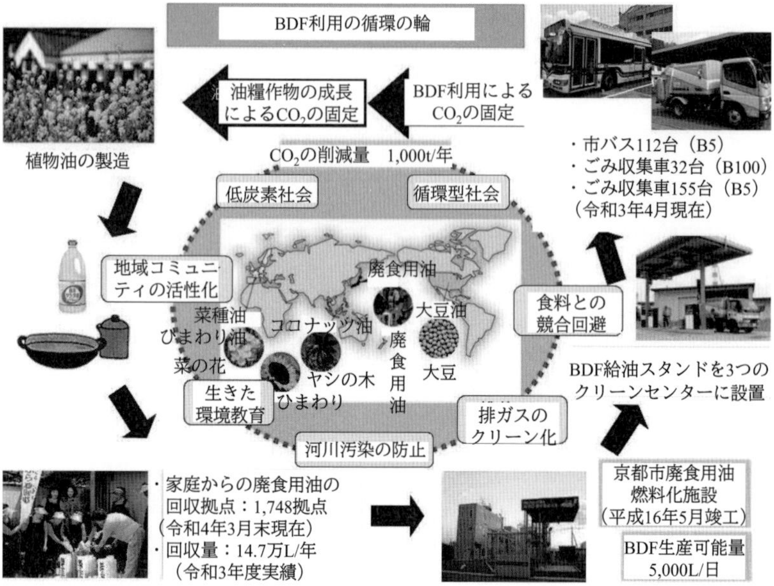

図 12.40　京都市におけるバイオディーゼル燃料化事業の概要

（出典　京都市 HP：(https://www.city.kyoto.lg.jp/kankyo/page/0000000008.html)）

● コラム　京都市におけるバイオディーゼル燃料化事業の例（図 12.40）

京都市では，平成 9 年より一般家庭の使用済天ぷら油等の廃食用油からバイオディーゼル燃料を製造し，ごみ収集車や一部の市バスの燃料として利用する取り組みを行っている．令和 3 年 4 月 1 日時点では，京都市のごみ収集車 32 台において B100 で使用し，155 台のごみ収集車と 112 両の市バスにおいて B5 で使用している．令和 3 年度は，年間約 40 万 L のバイオディーゼル燃料をごみ収集車や市バスで利用しており，この取り組みにより，年間約 1,000 t の二酸化炭素を削減したと推定されている．

例題 12.2　バイオディーゼル燃料製造のためのメタノール必要量の計算

油脂分の平均分子量が 885 g/mol(トリオレイン相当) と仮定したとき，1.000 kg の油脂分をメチルエステル化するために最低限必要なメタノール量（体積 mL）を求めなさい．

ただし，以下の数値を用いて計算すること．

メタノールの分子量： 32.0 g/mol

メタノールの密度： 0.791 g/mL

（解）

$$\begin{aligned}
&\text{必要なメタノール量 [ml]}\\
&= \frac{\text{油脂分の質量 [g]} \times 3}{\text{油脂分の分子量 [g/mol]}} \times \frac{\text{メタノールの分子量 [g/mol]}}{\text{メタノールの密度 [g/mL]}}\\
&= \frac{1000 \times 3}{885} \times \frac{32.0}{0.791}\\
&= 137\ \text{[ml]}
\end{aligned}$$

12.4.12 メタン発酵

メタン発酵とは，無酸素の条件（嫌気性）下において雑多な微生物の活動により，セルロースやタンパク質等の高分子有機物が分解され，最終的にメタンと二酸化炭素を主成分とするガスを生成する現象である．メタン発酵による有機物の分解は次式のように示すことができる．

$$C_xH_yO_zN_p + aH_2O \rightarrow bCH_4 + cCO_2 + dNH_3 + eC_uH_vO_wN_q$$

ここで，$C_xH_yO_zN_p$ は有機物を表しており，$C_uH_vO_wN_q$ はメタン発酵における有機物の分解の結果の残渣を表している．

メタン発酵の原料となる有機物と多種多様な嫌気性細菌が共存し，5〜70°C，中性付近の pH で嫌気性の条件になると自然にメタン発酵が進行する．メタン発酵の過程は，**図 12.41** に示すように加水分解，酸生成，メタン生成の 3 過程に大別できる．加水分解過程では，食品廃棄物，下水汚泥，家畜排泄物等に含まれる多糖類，タンパク質，脂質等の高分子有機化合物が加水分解微生物により，糖，アミノ酸，脂肪酸，グリセリン等に加水分解される．さらに，加水分解の結果生成した糖，アミノ酸等は，酸発酵微生物により，酢酸，ギ酸，水素等に発酵分解される．最終段階では，酸発酵過程の結果生成した酢酸，二酸化炭素，水素等からメタン生成微生物により，次式のようにメタンと二酸化炭素が生成する．

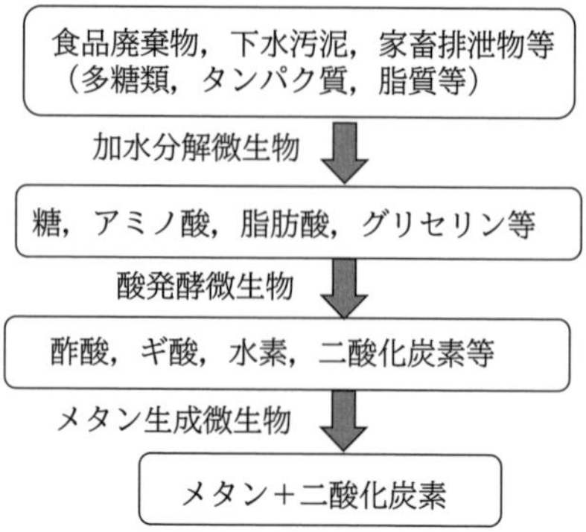

図 12.41　メタン発酵の過程の概要

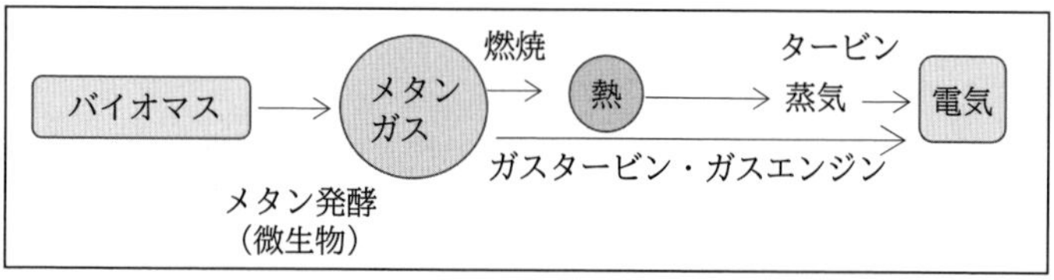

図 12.42　メタン発酵によるバイオマスのエネルギー利用

$$CH_3COOH \rightarrow CH_4 + CO_2$$

$$CO_2 + 4H_2 \rightarrow CH_4 + 2H_2O$$

図 12.42 に示したようにメタン発酵において，バイオマスが分解し生成したメタンガスはボイラで燃焼することにより発生した水蒸気を用いてタービンを駆動し発電することができる．あるいは，生成したメタンガスをガスタービンやガスエンジンの燃料として用いて発電することによりエネルギー利用することができる．メタン発酵によるバイオマスのエネルギー利用では，家畜排泄物，食品廃棄物，下水汚泥等の比較的含水率の高いバイオマスが用いられることが多い．メタン発酵によるバイオマスのエネルギー利用においては，メタン発酵の残渣である消化液と消化スラッジの処理とそれらの利活用に課題がある．消化液は，肥効成分が豊富であるため，液肥として有効であるが，液肥としての需要がない場合は，2 次処理をして公共用水域等に排出する必要がある．消化液には難分解性の有機物が残存するため，高度な廃水処理設備や凝集剤等の薬

剤が必要となる．これらの排水処理は経済性を悪化させる可能性があるため，消化液の有効利用が重要である．消化スラッジも固形分を堆肥化して用いることができるが，使用しない場合は焼却処理される．また，メタン発酵においては，処理時間が長く，発酵温度を保つために加温も必要になる．

メタン発酵により生成したガスをバイオガスと呼び，バイオガスの主成分は，メタン（約 60%）と二酸化炭素（約 40%）であるが，他にも微量（1%未満）に窒素，酸素，硫化水素が含まれる．硫化水素は，エンジン等の機器を腐食させるため，脱硫装置で除去される．バイオガスの発熱量は 21〜23 MJ/m^3 程度の低カロリーガスであり，バイオガスはボイラやガスエンジン，ガスタービンの燃料として発電利用されるだけでなく，都市ガスに混入して利用あるいは車両用燃料とすることもできる．また，コージェネレーションシステムとして，発電時に発生する排熱をメタン発酵槽の保温等に利用できる．

● コラム　(株)バイオマスパワーしずくいしの例(図 12.43，12.44)

岩手県雫石町の（株）バイオマスパワーしずくいしでは平成 18 年 4 月より家畜排泄物と食品残渣をメタン発酵して得られるメタンガスを利用して発電を行っている．小岩井農場から発生する約 83 t/日の家畜排泄物と雫石町の食品会

図 12.43　バイオマスパワーしずくいしにおけるメタン発酵によるエネルギー利用（写真）
（出典　バイオマスパワーしずくいし HP：(http://bps-koiwai.co.jp/)）

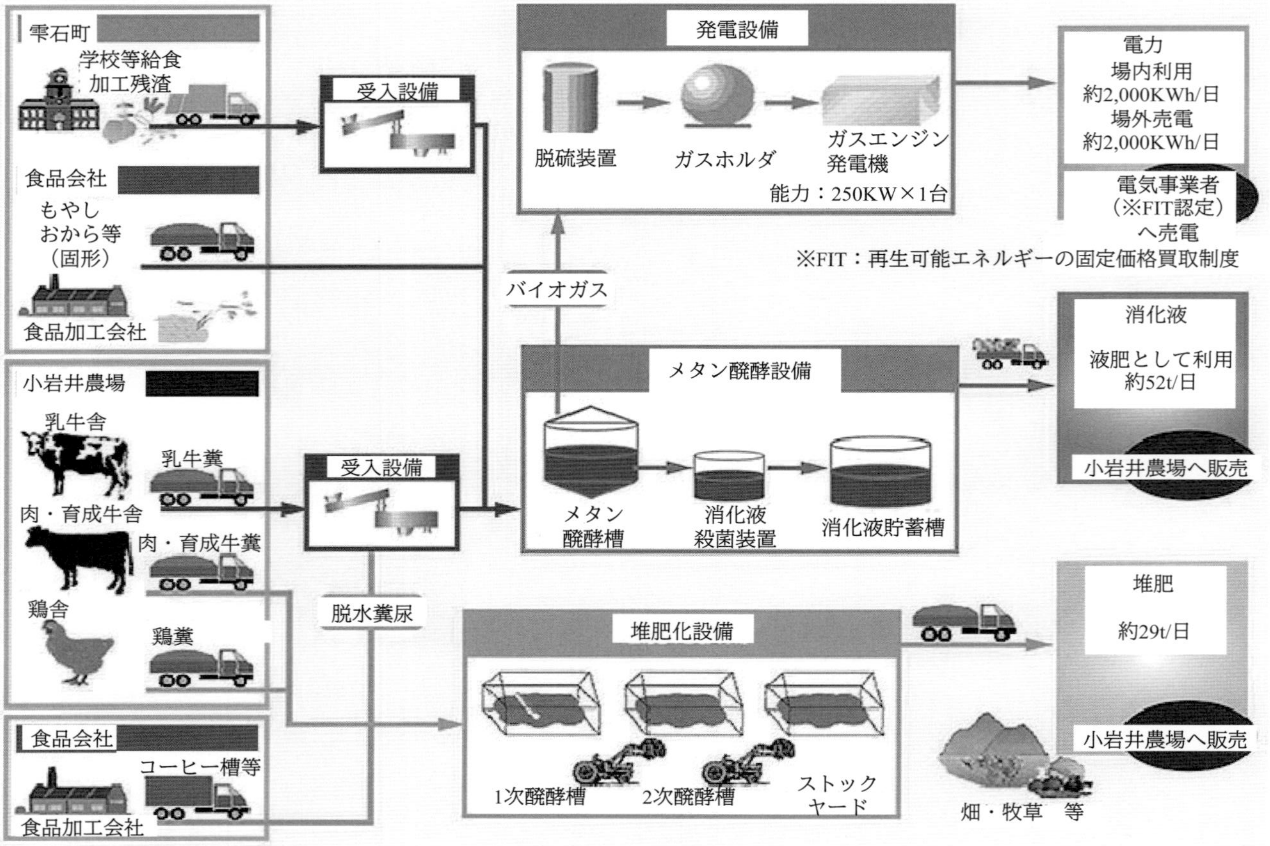

図 12.44　バイオマスパワーしずくいしにおけるメタン発酵によるエネルギー利用（施設紹介）

（出典　バイオマスパワーしずくいし HP：（http://bps-koiwai.co.jp/））

社から発生する約 32 t/日の食品残渣をメタン発酵し，生成したバイオガスを用いて発電（約 4,000 kWh/日）し，半分は外部に販売，半分は施設内で利用している．また，メタン発酵槽から生じる消化液は，小岩井農場の畑・牧草地で液体肥料として利用（約 52 t/日）し，同時に家畜糞尿の固形分等から堆肥を製造し，小岩井農場の畑・牧草地で利用（約 29 t/日）している．ここでの取り組みは，特に，地域で発生したバイオマスを地域で利用する地域循環型の取り組みとして評価されている．

12.4.13 エタノール発酵

エタノール発酵とは，グルコース等の糖質が酵母等の微生物により，無酸素条件で分解され，エタノールと二酸化炭素を生成する現象である．エタノール発酵は，次式のような化学反応式で示される．

$$C_6H_{12}O_6 \rightarrow 2C_2H_5OH + 2CO_2$$

エタノール発酵の基本的な考え方は酒造りと同じであり，糖やデンプンからのエタノール製造は古くから酒造りとして行われているが，木材等のリグノセルロース類を原料とした技術も現在研究開発が進められているところである．特に生物資源であるバイオマスを発酵して得られたエタノールをバイオエタノールと呼んでいる．

バイオエタノールの原料は，サトウキビ，テンサイ（ビート）等の糖質原料，トウモロコシ，さつまいも，小麦，ライ麦等のデンプン質原料，廃木材，間伐材，稲わら，麦わら等のリグノセルロース系原料に大別できる．バイオエタノールをエネルギーとして利用することを想定した場合，糖質原料とデンプン質原料からのバイオエタノール製造は食糧と競合することになるため，リグノセルロース系のバイオマスを原料としたバイオエタノール製造が求められているが，リグノセルロース系原料からのバイオエタノール製造は，糖質原料やデンプン質原料からの製造に比べて技術的ハードルが高い．各原料からのバイオエタノール製造工程を**図 12.45** に示す．糖質原料からのバイオエタノール製造は原料の浸出又は圧搾により，糖蜜が得られるため，後は酵母を用いて発酵することでエタノール濃度約 10%のエタノール溶液を得ることができる．エタ

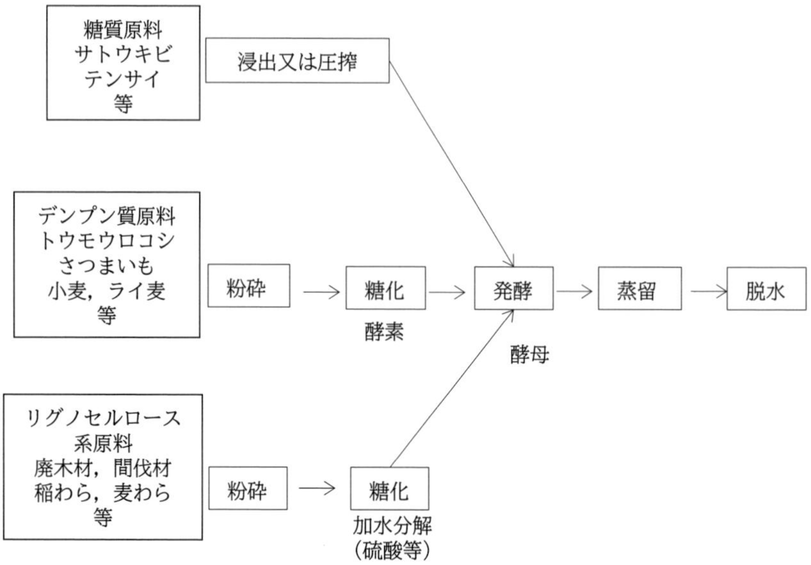

図 12.45　バイオエタノールの製造工程

ノール純度を高めるためには蒸留工程により，約 95%まで純度を上げることができるが，さらに純度を上げるためには脱水工程が必要となり，ゼオライト等の吸着材等を用いることでエタノール濃度 99.5%の無水エタノールを得ることができる．デンプン質原料の場合は，粉砕した後，酵素を用いて糖化することによりデンプンが分解されグルコースが得られる．その後は，糖質原料と同じ工程でバイオエタノールが製造される．

リグノセルロース系原料の場合は，粉砕した後，セルロースをグルコースに糖化（分解）する必要があり，デンプン質のように酵素を用いた糖化のためには前処理が必要になる．リグノセルロース系原料の植物の細胞壁は，主にセルロース，ヘミセルロース，リグニン等で構成されているが，**図 12.46** に示したようにヘミセルロースとリグニンがセルロースを包み込む強固な構造をしているため，セルロースを糖化するためには，リグニンを取り除く必要がある．リグニンの除去のために酸やアルカリ等の薬品や高温・高圧処理等が用いられる．硫酸を用いた前処理は，前処理と同時にセルロースの加水分解までできるため，硫酸を用いた加水分解法がよく用いられるが，設備を耐酸性にする必要があり，

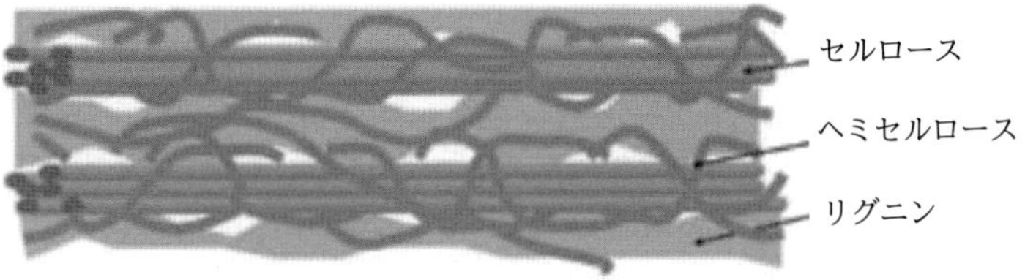

図 12.46　リグノセルロース系原料の植物の細胞壁構造

（出典：財部明郎，第二世代バイオエタノール製造技術と開発状況
ENEOS Technical Review, 52 (3)22-26 (2010)）

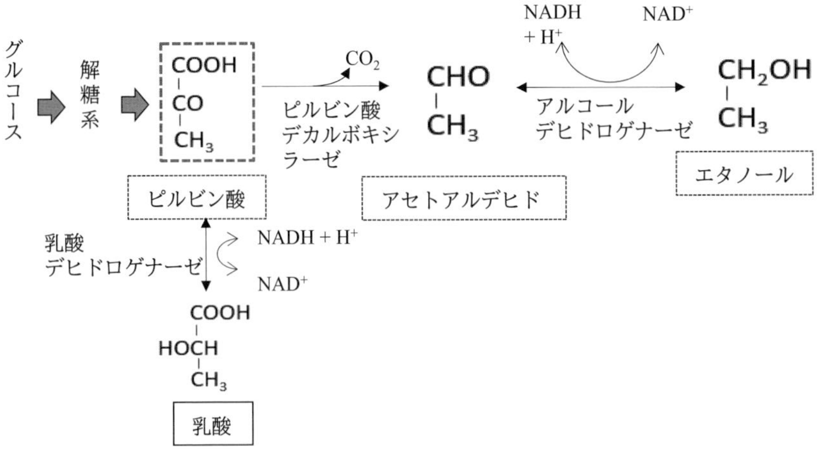

図 12.47　ピルビン酸から乳酸・エタノールへの変換

また硫酸の回収・濃縮等の設備が必要となる他，運転も複雑となるため，実用化には低コスト化に向けた技術開発が必要となる．

多くの微生物や高等生物は，解糖系において 1 分子のグルコースからピルビン酸 2 分子を経て，2 分子の乳酸を生成する．これに対して，エタノール発酵する酵母 (*S. cerevisiae*) は，解糖系の最後の段階が異なり，**図 12.47** に示したように 1 分子のグルコースからピルビン酸 2 分子を経て 2 分子のエタノールを生成する．したがって，グルコース 100 g から 51.4 g のエタノールと 48.8 g の二酸化炭素が生成する計算になるが，実際にはグルコースの一部が酵母の生育に使われるため，エタノールの収率は理論値よりも少し低い値になる．

例題 12.3　エタノール発酵の効率

グルコースからエタノールが生成するエタノール発酵の過程において，グルコースのもつギブズエネルギーの何%がエタノールに保存されるか計算しなさい．

ただし，次に示すグルコース($C_6H_{12}O_6$)の酸化反応とエタノール（C_2H_5OH）の酸化反応の標準ギブズエネルギーは次の値を用いること．

$$C_6H_{12}O_6(s) + 6O_2(g) \rightarrow 6CO_2(g) + 6H_2O(l) \qquad \Delta G^\circ = -2878.6\,\text{kJ/mol}$$

$$C_2H_5OH(l) + 3O_2(g) \rightarrow 2CO_2(g) + 3H_2O(l) \qquad \Delta G^\circ = -1325.3\,\text{kJ/mol}$$

（解）

エタノール発酵の反応は次式のように示される．

$$C_6H_{12}O_6 \rightarrow 2C_2H_5OH + 2CO_2$$

したがって，エタノール発酵の過程においてグルコースからエタノールに保存されるギブズエネルギー（ΔG°）は

$$\frac{2 \times (-1325.3)}{-2878.6} \times 100 = 92.079\,[\%]$$

エタノール発酵の過程においてグルコースのもつエネルギーの約92%がエタノールに保存されることから，エタノール発酵は，エネルギー変換技術として優れた方法であると言える．

世界のバイオエタノール生産量は，**図 12.48** に示すように2000年時点で1億3千5百万kLであったが，2018年には，9億8千4百万kLと8年間で7.3倍に増加した．国別の生産量（**表 12.11**）をみると，特に米国とブラジルの生産量が多い．日本では，2010年11月にエネルギー供給構造高度化法によりバイオ燃料導入の法制化が進められ，2018～2022年度は原油換算で50万kL/年の導入することが定められているが，現在はほとんど米国とブラジルからの輸入に依存している状況である．

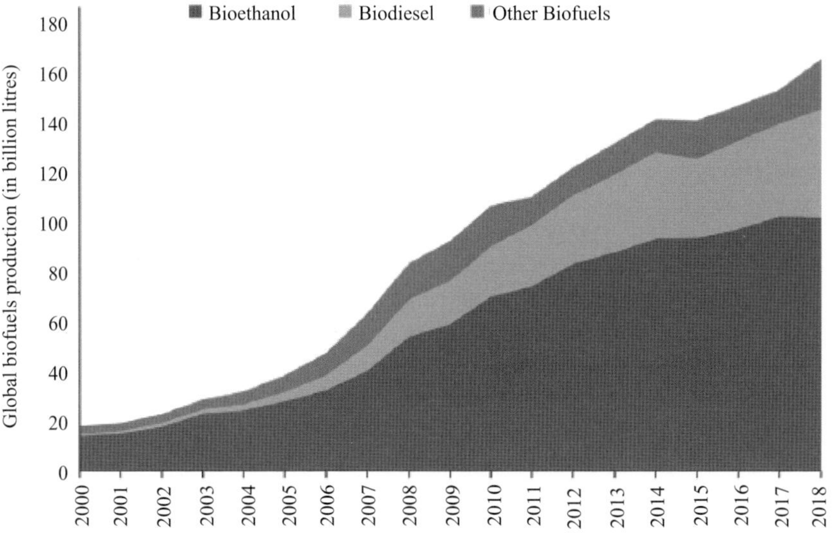

図 12.48　世界のバイオ燃料生産量の推移

（出典　WBA GLOBAL BIOENERGY STATISTICS 2020：
(https://www.worldbioenergy.org/uploads/201210%20WBA%20GBS%202020.pdf)）

表 12.11　国内外におけるバイオエタノールの原料と生産量

	原料	生産量 万 kL
日本		51(2018) [輸入]
EU	デンプン，トウモロコシ	547(2018)
米国	トウモロコシ	6,100(2018)
ブラジル	サトウキビ，トウモロコシ，バガス	3,300(2018)
インド	モラセス（糖蜜）	255(2018)
中国	トウモロコシ	977（2018）

（出典　三菱総合研究所，令和 2 年度燃料安定供給対策に関する調査など報告書：(https://www.meti.go.jp/meti_lib/report/2020FY/000038.pdf),
北川尚美，バイオ液体燃料の現状と未来を考える，学術の動向，25(1) 42-47(2020)：(https://www.jstage.jst.go.jp/article/tits/25/1/25_1_42/_pdf/-char/ja)）

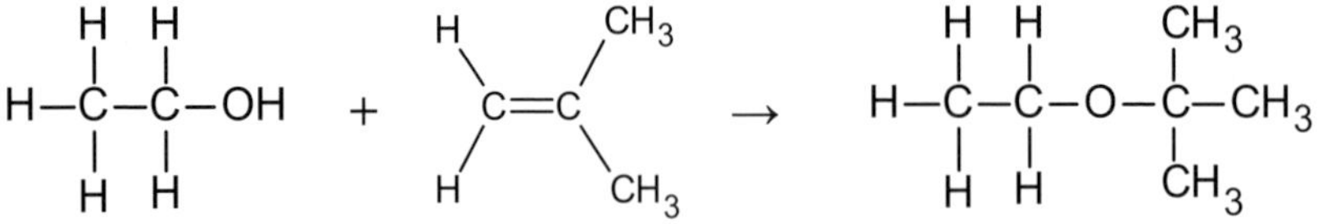

図 12.49　ETBE 製造の反応式

バイオエタノールの利用方法としては，ガソリンにバイオエタノールを直接混合して利用する場合と，バイオエタノールから ETBE（Ethyl Tertiary Buthyl Ether）を製造し，ガソリンに添加して利用する場合がある．ガソリンに直接混合する場合，E3 や E10 のように表示される．E の後ろの数値はガソリンへの混合率を示しており，日本では揮発油等の品質の確保等に関する法律（揮発油品質確保法）において 3 体積%以下（E10 対応車については 10 体積%以下）の混合が認められている．一方，ETBE をガソリンに混合する場合は，ETBE22 のように表示される．ETBE の後ろの数値はガソリンへの混合率を示しており，揮発油品質確保法により，約 8.3 体積%以下（含酸素率 1.3 質量%以下，E10 対応車については 3.7 質量%以下））の混合が認められている．

ETBE は図 12.49 に示したエタノールとイソブテンの反応により生成する．イソブテンは，ガソリンの精製過程で副生物として得られる．

バイオエタノールは，酸素を含む構造のため，自動車燃料として用いた場合，ガソリンに比べてすすや一酸化炭素の排出量が減少する特徴がある．一方，低位発熱量はエタノール 21.2 MJ/L，ガソリン 32.2 MJ/L とエタノールの発熱量はガソリンの 66%程度であるが，ガソリンに比べてオクタン価（オクタン価については第 3 章のコラムを参照）が高い特徴がある．また，エタノールは金属，ゴム・樹脂を腐食，劣化させることからエンジンの腐食対策が必要となるため，日本では揮発油品質確保法において混合率が定められている．E10 対応ガソリン車は，燃料装置部品の耐腐食性・耐劣化性，燃料蒸発ガス抑制機能等の安全性，公害防止の面で E10 の使用に対応させた自動車であり，ETBE22 にも使用可能である．ETBE22 は E10 の含酸素率 3.7 質量%に相当する．

また，バイオエタノールを直接ガソリンに混合した場合，水分が溶解しやすく，許容量以上の水分が混入することにより，エタノール水とガソリンに分離し，燃料系部品の腐食やエンジン停止等のトラブルが生じる可能性があるため，バイオエタノールを直接ガソリンに混合して利用する場合には，流通段階で水分混入防止が必要となる．さらに，ガソリンへのエタノール混合率 5～10%では蒸気圧が高く，蒸発ガスが発生しやすくなり，光化学スモッグの原因となる揮発性有機化合物（VOC）が増加する問題もある．これに対して ETBE の場合は，蒸発特性の増加がなく，水分混入の問題もないことから，品質を安定させやすいため，現在，石油連盟はバイオエタノールから製造した ETBE を最大 7%程度配合したレギュラーガソリン「バイオガソリン」を販売している．

現在，国内でのバイオエタノール生産量は少なく，バイオガソリン用のバイオエタノールのほとんどが輸入に依存している．これは，国内におけるバイオエタノールの生産コストが高いことが原因である．**図 12.50** に試算されているバイオエタノールの生産コストを示す．糖蜜からの生産コストは 90 円/L と比較的安価でガソリン価格よりも安価であるが，食用の小麦と米からの生産の場合，それぞれ 334 円/L と 479 円/L とガソリン価格よりかなり高額になることから，通常の食用の農作物を原料として燃料用のバイオエタノールを生産するには，原料コストが高すぎることがわかる．米からの生産の場合，20 円/kg で原料米を生産できればバイオエタノールの生産コストは，94 円/L になると試算されているが，それでもブラジル産エタノールの 52.3 円/L の 1.8 倍の価格であり，さらに日本国内で原料米を 20 円/kg で生産するのは，非常に困難な状況である．

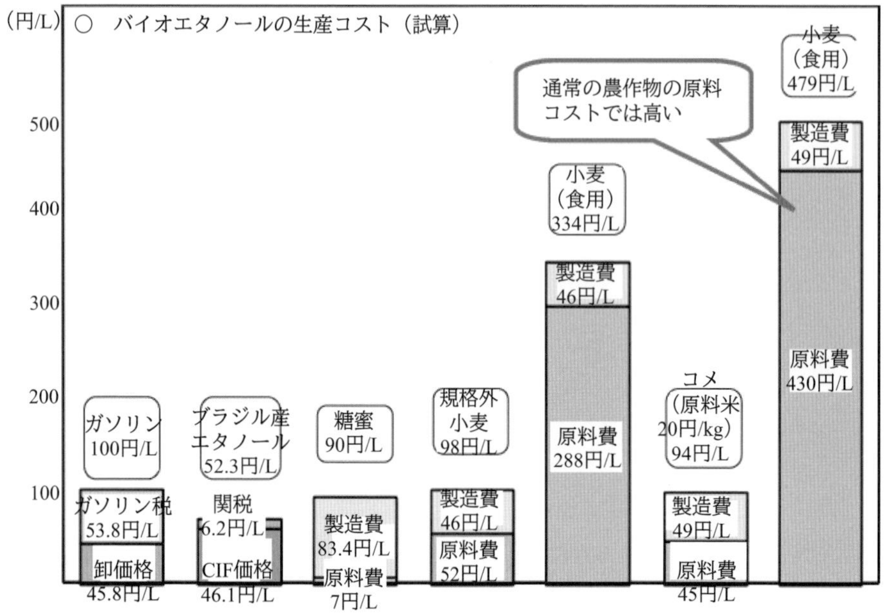

① ガソリン
元売会社の特約店向け卸価格：21年4月平均（石油情報センターより）

② ブラジル産エタノール
CIF価格：21年4月平均（貿易統計より）
関税：13.4%（21年度）

③ 糖蜜
原料費：糖蜜2,000円/t（農林水産省試算）=エタノール原料7円/L
（2,200tの糖蜜から700KLのエタノールを製造）

④ 規格外小麦
（財）十勝振興機構試算：小麦22円/kg=エタノール原料52円/L
（2.7万tの小麦から11,600KLのエタノールを製造）

⑤ 小麦（食用）
農業経営統計調査報告（平成19年産小麦生産費田畑計・北海道)：122円/kg
＝エタノール原料288円/L

⑥ コメ
全農試算：コメ20円/kgで計算 = エタノール原料45円/L
(8万tのコメから36,000KLのエタノールを製造)

⑦ コメ（食用）
農業経営統計調査報告（平成19年産米生産費・北海道）：197円/kg
＝エタノール原料430円/L

（注１）各製造コストには施設の設置コスト及びランニングコストを含む.
（注２）小売価格は，これに流通経費，消費税がかかる（ガソリンでは、合計約20円程度）
（注３）バイオエタノール等混合ガソリンについては，混合バイオエタノール分（上限3%）の揮発油税および地方揮発油税（53.8円/L）が軽減（平成21年2月25日（改正品確法施行日）から25年3月31日まで）

図 12.50　バイオエタノールの生産コスト

（出典　農林水産省資料バイオマスをめぐる情勢について：
(http://www.nippo.co.jp/stop-ondanka09/image/s1015-2.pdf)）

● コラム　DINS 関西株式会社バイオエタノール事業所の例（**図 12.51**）

DINS 関西株式会社バイオエタノール事業所（事業開始時はバイオエタノールジャパン関西株式会社）では，年 4～5 万 t の廃木材から 1,400 kL のバイオエタノールを製造し，燃料用エタノールとして販売する取り組みを平成 19 年 1 月より行っている．

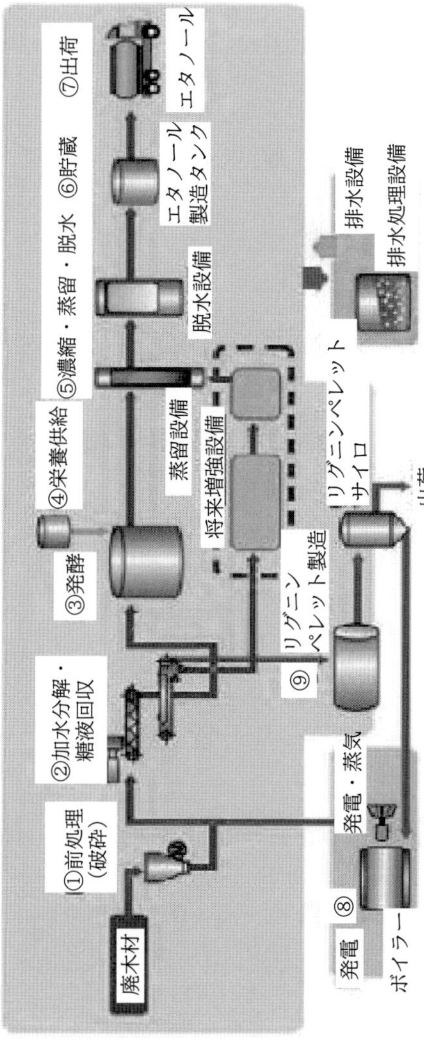

図 12.51　DINS 関西（株）におけるバイオエタノール製造の例

（出典　大阪府 HP，大阪府エコタウン：(https://www.pref.osaka.lg.jp/shigenjunkan/osaka_ecotown/et_5.html)）

参考文献

1) 資源エネルギー庁，令和3年度エネルギーに関する年次報告（エネルギー白書2022）：(https://www.enecho.meti.go.jp/about/whitepaper/2022/pdf/2_1.pdf)
2) 資源エネルギー庁 総合エネルギー統計 時系列表：(https://www.enecho.meti.go.jp/statistics/total_energy/results.html#headline7)
3) 東北電力 東北電力の主な発電所・水力発電所：(https://www.tohoku-epco.co.jp/power_plant/water.html)
4) 国立研究開発法人新エネルギー・産業技術総合開発機構（NEDO） 局所風況マップ：(https://appraw1.infoc.nedo.go.jp/nedo/index.html)
5) 資源エネルギー庁 洋上風力発電関連制度：(https://www.enecho.meti.go.jp/category/saving_and_new/saiene/yojo_furyoku/index.html)
6) 国立研究開発法人新エネルギー・産業技術総合開発機構（NEDO） 全天日射量マップ：(https://appww2.infoc.nedo.go.jp/appww/colormap.html)
7) バイオマス活用推進基本計画（第3次）：(https://www.maff.go.jp/j/press/kanbo/bio_g/attach/pdf/220906-2.pdf)
8) 農林水産省，第5回バイオマス活用推進会議（平成24年9月6日）資料，バイオマスをめぐる現状と課題：(https://www.maff.go.jp/j/shokusan/biomass/b_suisin/05/attach/pdf/index-3.pdf)
9) 資源エネルギー庁，令和3年度エネルギーに関する年次報告（エネルギー白書2021）： (https://www.enecho.meti.go.jp/about/whitepaper/2021/pdf/2_1.pdf)
10) 日本エネルギー学会編，アジアバイオマスハンドブック (2008)
11) 林野庁，森林林業統計要覧2022：(https://www.rinya.maff.go.jp/j/kikaku/toukei/attach/pdf/youran_mokuzi2022-12.pdf)
12) （株）FTカーボン，木質バイオマス発電の動向レポート2023年2月号：(https://www.ftcarbon.co.jp/)
13) World Bioenergy Association, WBA GLOBAL BIOENERGY STATISTICS 2021, 2022 (https://www.worldbioenergy.org/uploads/211214\%20WBA\%20GBS\%202021.pdf), (https://www.worldbioenergy.org/uploads/221223\%20WBA\%20GBS\%202022.pdf)
14) 清水正也，鬼塚遼太郎，小竹正人，内田博之，一般廃棄物炭化燃料化施設によるリサイクルとエネルギー回収，日本エネルギー学会誌，97 (8)252-260(2018)
15) 日本エネルギー学会 編，バイオマスハンドブック，オーム社（2002)

16)　伊藤椒，児玉三明，マクマリー有機化学概説第6版（2007）
17)　日本エネルギー学会 編，バイオマスハンドブック第2版，オーム社（2009）
18)　化学工学会，日本エネルギー学会　共編，バイオマスプロセスハンドブック，オーム社（2012）

第13章　カーボンニュートラル社会の実現のために

地球温暖化を防ぐ取り組みを実施することは国際的な約束であり，我が国も2050年にカーボンニュートラルを実現させるために努力しなくてはいけない．2030年までに2013年比で半分程度とする中間目標も掲げられている．2030年は，本書執筆時（2023年）からわずか7年後である．エネルギー消費量の年次推移のグラフから2013年の化石エネルギー資源消費量を読み取り，半分程度であった時代に遡ると1970年頃だとわかる．この頃のエネルギー使用状況まで戻せば排出半減が実現するのだが，当時をうっすらと記憶している筆者には「まだまだ貧しく不便であった時代」に戻れるとは思わない．排出実質ゼロの社会は，想像することすら困難である．

カーボンニュートラル社会の実現という高い目標に到達する手段を示すことは，筆者の能力をはるかに超えている．そうであっても，今までの筆者の経験，特に東日本大震災後に取り組んできたことから伝えられることを，本章に残したい．本章で紹介する事例は福島県や東北地域のものが中心となっていることをお許しいただきたい．福島県は，東京電力福島第一原子力発電所事故により大きな被害を受けている．原発事故被災地として，エネルギー関連について行政も民間もさまざまな発言をし，行動してきた．日本のエネルギー政策にも影響を与えたと思っている．復興には再生可能エネルギーが大きく貢献している．人口密度・産業構造・自然環境等地域の差は大きいが，再生可能エネルギーを推進してきた福島の取り組みは，どの地域においても参考になると思っている．

13.1　カーボンニュートラル実現の方向性

日常生活でも産業でも，さまざまな用途にエネルギーは使われている．**図13.1** はエネルギー消費量を横軸，単位エネルギー当たりの二酸化炭素排出量

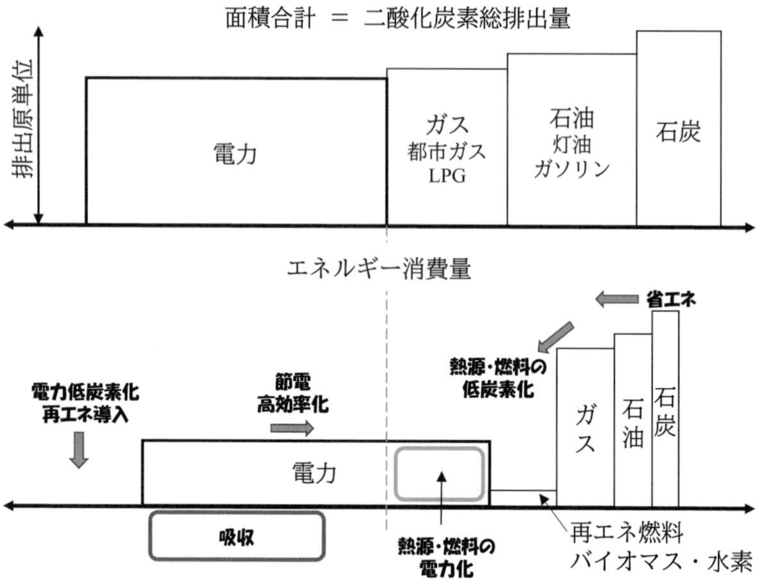

図 13.1　脱炭素化を進めるイメージ

(排出原単位) を縦軸にしたイメージ図である．左側が電力，右が燃料，上段が現在，下段が排出削減後（カーボンニュートラルへの途上）である．炭素や水素といった構成元素の比率からも想像できるように，化石エネルギー資源の中では石炭の排出原単位が大きく，石油・灯油・ガソリンが続き，LPG・都市ガス（天然ガス）が小さい．省エネに加えて，熱源を石油から都市ガスに転換するといった燃料転換で，排出量はある程度は削減できる．再生可能エネルギー由来の燃料に転換することができるとさらに望ましい．

電力の排出原単位はさまざまな発電方法の加重平均である．火力発電の更改による発電効率の向上，再生可能エネルギー発電の増加等で排出原単位は減少する．石炭火力発電を減らすことが，排出原単位削減に効果的である．原子力発電も発電時に二酸化炭素を排出しないので，効果が大きい．（福島県に住む筆者は，原子力に頼った温暖化対策には反対であるが．）東日本大震災後に原子力発電の多くが停止しているが，2013 年以降は各電力会社で排出原単位は減少傾向である．図では単純化しているが，実際には排出原単位が小さい電力会社と契約することや，太陽光発電等を所有する等すれば，個別の事業者においては電力の排出原単位をさらに小さくすることが可能である．省エネ・節電が重要であることは言うまでもない．

従来は燃料を使用していたものを，電力に転換することも，排出削減に繋がる場合が多い．給湯をヒートポンプで行う，ガソリンエンジン車を電気自動車に変える，といった取り組みである．出力が大きな産業用ヒートポンプも商品化されてきており，暖かい程度の排熱から高温を得たり，冷水と温水を同時供給したりと，適用範囲が広がっている．

排出をゼロとするのが困難な用途もあるため，二酸化炭素の吸収も重要である．図には示していないが，製鉄（酸化鉄の還元剤としての炭素の使用）やセメント製造（石灰石：炭酸カルシウムの焼成に伴う二酸化炭素発生）といった「エネルギー利用以外」で発生する二酸化炭素も少なくない．二酸化炭素吸収源として森林が期待されている．伐採した後に植林し，森林が保有するバイオマス量を維持することが重要である．バイオマス燃料として燃焼させた場合に発生する二酸化炭素と，植林により成長する木質の量がつり合えば，カーボンニュートラル（大気中の二酸化炭素濃度を増加させない）である．さらに適切に森林を維持管理し，木質の量を増やすことができれば，その分の二酸化炭素が固定され，二酸化炭素の吸収となる．木造建造物や木製品として，伐採した木材を活用することも，吸収である．バイオマスを化学原料として用いてプラスチック等を製造することも，（短期間で焼却処分するのでなければ）同様に吸収となる．製造に必要な電力等のエネルギーが再生可能エネルギー由来であることが前提である．

大気中の二酸化炭素を吸着回収し，それを貯留するか原料として活用することも検討されている．再生可能エネルギーを用いて燃料化すればカーボンニュートラル燃料となり，原料としてプラスチック等を製造して長期間使用すれば吸収となる．二酸化炭素の回収は，現時点では排出量削減を目的として，火力発電所等の排ガスをターゲットに研究開発されている．電力の低炭素化が進んだ先，二酸化炭素排出量をゼロやマイナスとするためには，大気中からの回収を人為的に行うことも必要になるであろうと考えている．

二酸化炭素排出量半減を，技術革新によるエネルギー効率向上と再生可能エネルギーの拡大のみで実現することは不可能だと感じている．将来の革新的技術を待つだけの姿勢は，非常に危険だとも思う．エネルギーを消費する設備類，特に産業用のものの寿命は長く，20年以上使用することは珍しくない．自動車も10数年は使用される．2023年以降に販売されるすべての設備が高性能となって二酸化炭素排出量が半減したとしても，2030年に置き換わっている設備は全体の1部分である．設備寿命を20年と仮定すると，2023年初から2030年末までの8年間で置き換わる設備は40%．旧型も新型も同じ稼働率だとすると，二酸化炭素排出量は20%減にしかならない．

最終消費者が得る価値・受けるサービスを減らすという方向も必要だと思う．良いものを・便利なものをと拡大してきた方向性を，反転させる必要がある．たとえば，自動車による二酸化炭素排出を半減させるためには，すべての自動車の走行距離の合計を3割減・全自動車の平均排出原単位を3割減（$0.7 \times 0.7 = 0.49$となり，約半減が実現する）といった分配を考えるべきである．合計走行距離を減少させるためには，人の移動や物流の効率化はもちろん，移動量・物流量の抑制が避けられない．長距離トラックや配送車が走り回る社会は，変えていく必要があるであろう．

13.2　カーボンニュートラル社会実現のためのビジョン

1970年代のオイルショックにより，石油価格の高騰と供給不安が生じた．省エネルギー技術開発に予算が割かれ，省エネ技術の普及拡大も図られ，エネルギー利用効率は大幅に向上した．汚染物質の環境中への放出は好ましくないことは誰も否定しないと思うが，規制が強化されてこそ放出が抑制される．再生可能エネルギーの導入拡大や二酸化炭素排出抑制も，政策的な誘導が必要である．個々の政策については詳述しないが，東日本大震災以降の取り組みについて筆者が目にしてきた事例を述べる．

13.2.1　福島県再生可能エネルギービジョン

会津地方の水力発電所からの電力を首都圏に供給し，太平洋沿岸の火力および原子力発電所の多くも首都圏に電力を供給してきた．電力は福島県の主力産業の1つである．化石エネルギー資源枯渇に備え，地球温暖化を防止するため，

2010 年に再生可能エネルギー推進ビジョンの策定を開始した．2009 年度の実績で，県内消費エネルギー量の 21.2%に相当する再生可能エネルギー（主として水力発電）を活用していた．2011 年 4 月に公表する予定でビジョンを策定していたが，公表直前の 3 月 11 日に東日本大震災が県土を襲い，原子力発電所事故が発生した．当時の県知事は「原子力に頼らない県」・「再生可能エネルギー先駆けの地」としての復興を宣言し，県ではビジョンの改定に力を入れた．筆者も頻繁に県庁に通うこととなった．2012 年 4 月に公表したビジョンには「2040 年には県内消費エネルギーに匹敵する再生可能エネルギーを活用（再エネ 100%）」が示され，その後の国や県のエネルギー政策に影響を与え続けた．2020 年度の目標は 40%であったが，実績値は 43.4%と目標を大きく上回った．2021 年にビジョンを改定[1]し，水素社会への取り組みを追加した．2040 年再エネ 100%の目標はそのまま維持にしている．

「原子力に頼らない県」とは，「発電所は，いらない」という単純なものではない．原子力は関連する産業も含めると多くの雇用を生み，税収があり，地域経済を支えてきたのである．ビジョンには再生可能エネルギー導入推進に加え，再生可能エネルギー関連産業の創出が掲げられた．技術開発力強化の一環として研究機関の誘致が検討され，「産業技術総合研究所・福島再生可能エネルギー研究所」[2]が 2014 年に郡山に開所した．最先端の研究に加え，東北を中心とする多くの企業との共同開発が実施され，エネルギー関連の実証設備や評価設備も充実した．ビジネスマッチングの機会を増やし，企業間の連携を深めるとともに，商談のサポートまでを行う「エネルギー・エージェンシーふくしま」[3]が設立された．セミナー開催や大規模な展示会の事務局を務め，複数の事業化プロジェクトを推進している．

再生可能エネルギーの無制限の接続による電力システムの不安定化（後述）への懸念より，2014 年に接続回答保留（電力会社にとる連系接続申し込み受付の一時停止）が生じることとなった．福島県は緊急に「系統連系専門部会」を立ち上げて提言書をまとめて経済産業大臣に提出した．原子力発電所事故の被災県からの提言は重く受け止められたと思われ，提言の大半は国の施策として実行されている．福島県の再生可能エネルギー資源を活かし，復興に寄与する方策として，福島第一原子力発電所と首都圏とを結ぶ送電線の延伸が提言に盛り込まれた．2020年に稼働を開始したこの送電線は，東北電力に電力システム不安定さのリスクを負わすことなく大規模な再生可能エネルギー事業を実現させ，売電収入の一部が避難区域復興のための基金となり，首都圏に二酸化炭素排出の少ない電力を直送している．比較的短期間で実現し，多方面に利益をもたらす，優れた施策であったと思っている．

13.2.2　市町村の取り組み

住民により近く，地域の特性も把握している市町村では，国や県よりもさらに具体的な計画を立てて行動している．福島県内の市町村の多くも，震災復興の計画に加えてエネルギービジョン等も策定している．

原子力発電所事故により汚染された農地を大規模な太陽光発電所として活用している事例が，原発周辺の自治体を中心に数多くある．農地は原則として農業以外での利用が禁止であり，一般的には太陽光発電の事業地とはできない．自治体や地域を代表し得る団体が地域の活用方針を決め，農地を他の用途に転換する手続きを経て，太陽光発電が実現している．

地元企業が中心となって行う再生可能エネルギー事業が多くある．大規模な事業には多額の資金が必要であり全国的に活躍する商社等の大手企業が参画する場合が多いが，地元企業も参加する形で事業化しているケースが多い．自治体が直接参加している事例もある．自治体も出資して事業会社を設立し，収益の一部を復興資金として活用している．

福島県浜通り（太平洋側）の南相馬市[4)]の例（**図13.2，13.3**）を述べる．市の沿岸部は津波の被害を大きく受けた．南部に位置する小高区は，福島第一原子力発電所から20 km圏内であり避難指示（2016年7月に解除）が出された．大半が30 km以内の原町区では，原発の不測の事態に備えるために屋内退避の指示が出される等，原発事故の影響をかなり受けた市である．南相馬市は復興計画（2011年12月策定）のなかに「原子力に依存しないまち」を掲げ，再生可能エネルギー推進ビジョン（2012年7月策定）では「2030年度までに市内の消費電力に匹敵する再生可能エネルギー発電を行う」ことを目標の1つとして掲げた．

南相馬市においては，原発事故による避難区域の復興のみならず，津波被災

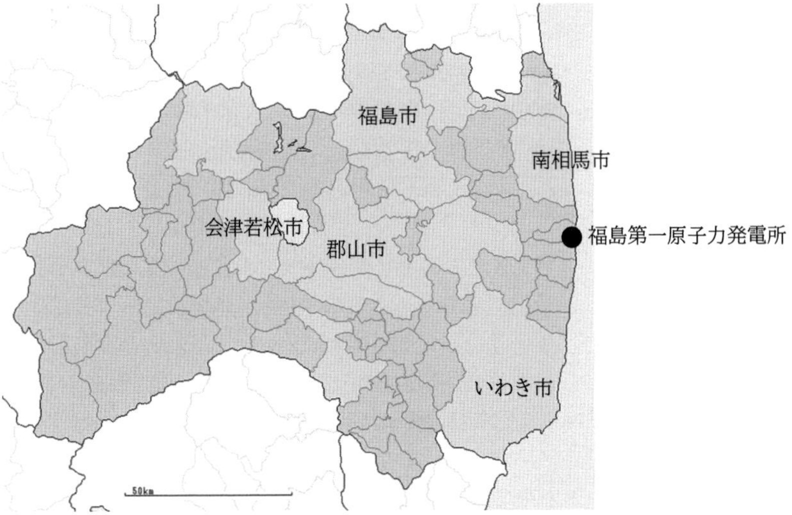

図 13.2　福島県南相馬市

（出典　47 都道府県の地図／シンプルで分かりやすい市区町村区分図：(https://uub.jp/map/fukushima/map0.html)）

地の復興も大きな課題であった．市内の各所で復興の計画が立てられ，新しい地区の姿を描いての整備が進められた．**図 13.3** に示した地区では，居住可能ゾーン・農業再開ゾーンに加え，海岸に近い区画を再生可能エネルギーゾーンとして整備した．約 60,000 kW の大規模な太陽光発電所と 4 基の風力発電を設けている．このゾーンは東北電力原町火力発電所（石炭火力・200 万 kW）と近接しており，それぞれの発電所の大きさが実感できる．

13.2.3　カーボンニュートラル宣言

2020 年 10 月 26 日，当時の菅内閣総理大臣は国会での所信表明演説において「我が国が 2050 年までにカーボンニュートラルを目指すこと」を宣言した．京都議定書で地球温暖化の危機が認識され，パリ協定の発効により対策が求められている状況下で，具体的な数値目標が総理大臣より出されたことによる地球温暖化対策の加速が期待された．

地球温暖化対策の全般的な事項は環境省が担当している[5)]．各省庁でさまざ

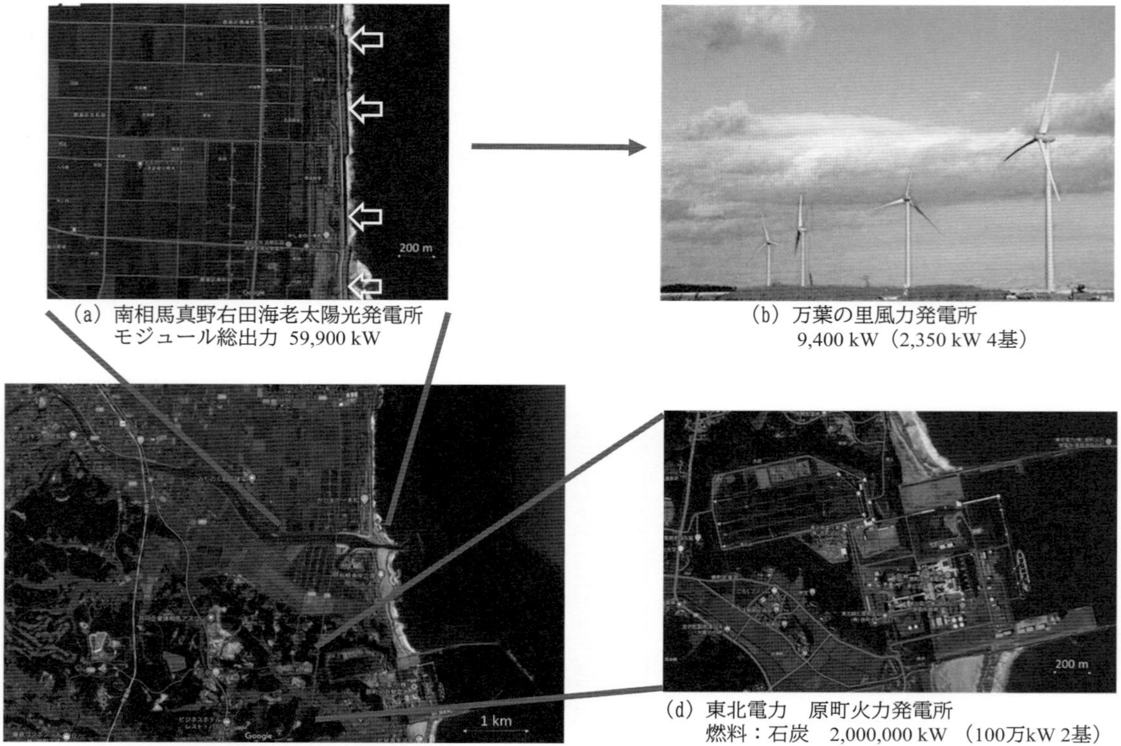

(a) 南相馬真野右田海老太陽光発電所
モジュール総出力 59,900 kW

(b) 万葉の里風力発電所
9,400 kW（2,350 kW 4基）

(c) 福島県南相馬市沿岸部

(d) 東北電力　原町火力発電所
燃料：石炭　2,000,000 kW　（100万kW 2基）

図 13.3　福島県南相馬市エネルギーゾーン（口絵 8 参照）

（出典　(a)，(c)，(d) Google Map：(https://www.google.co.jp/maps)，(b)（株）南相馬サステナジー：(https://www.city.minamisoma.lg.jp/portal/sections/13/1360/13602/1/2395.html)）

まな施策が出されており，先進的な取り組みが国内各所で実行されている．省エネや再エネの研究開発や設備導入の個別支援から，脱炭素社会実現のための地域作りへと，支援の重点は拡大しながらシフトしているように感じられる．政策は毎年のように追加・改定されているので，省庁からの情報のチェックは欠かせない．

都道府県や市町村でも「カーボンニュートラル宣言」がなされている．多くは国と同様に「2050年までにカーボンニュートラルを目指す」ものである．福島県内市町村との付き合いが多い筆者は，福島県内の宣言に対して「甘い！」との評価をし，特に市町村の取り組みが大胆に加速するように行動している．人口や産業の分布を考えると，二酸化炭素排出削減の取り組みの難易度には地域差があることが想像できるであろう．人口密集地・エネルギー大消費地は，排出削減が難しい．一方で，再生可能エネルギー資源に恵まれ，山林等の吸収力にも恵まれた地域では，排出削減は比較的容易である．福島県等「人口が少なく，県土が広い」県は，国の目標よりも早期にカーボンニュートラルを実現させるべきであり，「平均的な国の目標よりも高い目標」を掲げて取り組む必要がある．市町村も同様である．取り組みには資金が必要である．高い目標を掲げて取り組む地域には，多くの国家予算を割き，大都市圏からの資金移動も潤沢にあるべきと考えている．

13.3　再生可能エネルギーが経済的に自立するために

良い技術が普及するためには，経済的に自立することが必要である．エネルギー関連技術も同様である．しかしながら，新しい技術は高価となりがちである事に加え，地球温暖化により生じる負の価値を化石エネルギー使用技術が補填しているとは言えない．再生可能エネルギーが普及し，主力電源とするための経済的な方策について，簡単に述べる．

13.3.1　再生可能エネルギー固定価格買取制度

再生可能エネルギー固定価格買取制度（Feed-in Tariff，通称 FIT）とは，再生可能エネルギーで発電した電力を，電力会社が一定価格で一定期間買い取ることを，国が約束する制度である[6)]．現状では再生可能エネルギー発電所の建設コストや運転コストが高いため，調達価格（再生可能エネルギー発電事業者が電力会社に売電する単価）を高めに設定している．従来の発電コストとの差額を埋めるため，電力会社は毎月の電気料金と併せて再生可能エネルギー賦課金を徴収している．この制度により，発電設備の建設コストの回収等の事業計画が立てやすくなり，普及が進んでいる．

調達価格や調達期間は，エネルギー種別ごとに事業が効率的に行われた場合に必要となるコストを基礎に，価格目標や適正な利潤等を勘案して，中立的な調達価格等算定委員会の意見を尊重して経済産業大臣が決定している．2023 年度の調達価格を**表 13.1** に示す[6]．制度が施行された 2012 年には，再生可能エネルギー発電の導入促進を最優先の目的としていたため，調達価格はかなり高い水準に設定されていた．全量売電（10 kW 以上）の太陽光発電の調達価格は，2012 年 40 円/kWh，2013 年 36 円/kWh（消費税抜き）と，**表 13.1** と比べてかなり高水準である．普及に伴って設備価格の急激に低下したことと，後述する日中の電力過剰等があり，太陽光発電については調達価格が大幅に下げられている．他のエネルギー種別については，大きくは下げられていない．特に，高含水率有機廃棄物のエネルギー資源化が期待されるメタン発酵や，林業振興が期待される間伐材由来のバイオマス発電は，高い水準を維持している．

大規模な太陽光発電や風力発電では，募集する発電容量を定めて入札で調達価格を設定するようになってきている．発電事業者間で競争が働くために，調達価格は低くなっていく．

賦課金は，FIT で購入した価格総額から火力発電等の稼働減少に伴う燃料費の削減額を差し引いた額を基準に毎年見直されている．再生可能エネルギー発電量の増加に伴い賦課金は毎年高くなっていたが，新規に運転を開始する太陽光発電の調達価格の低下により，発電量の増加ほどは上がらなくなっていた．さらに 2022・23 年にエネルギー資源価格が急騰したために燃料費削減の効果が大きくなり，2023 年の賦課金は大幅に減額となった．

電力にも卸売市場が存在し，需要と供給に応じて価格が変動している．発電事業者が卸市場等で売電したとき，売電価格に対して補助額（プレミアム）を上乗せする制度（Feed-in Premium，通称 FIP）が 2022 年度より開始されている．FIP では発電事業者は二酸化炭素排出削減・化石エネルギー資源不使用の

表 13.1　FIT 2023 年度の調達価格 [円/kWh]

太陽光		入札対象	50ｋW以上	10～50ｋW未満	10ｋW未満	
	調達価格	入札	9.5	10	16	
	調達期間	20年間			10年間	
風力		陸上風力		着床式洋上風力	浮体式洋上風力	
		入札適用	入札対象外			
	調達価格	入札	15	入札	36	
	調達期間	20年間				
水力		5000kW以上 30,000ｋW未満	1,000ｋW 以上 5,000ｋW未満	200kW以上 1000kW未満	200kW未満	
	調達価格	16	27	29	34	
	調達期間	20年間				
地熱		15,000kW以上		15,000kW未満		
		新設	全設備更新型	新設	全設備更新型	
	調達価格	26	20	40	30	
	調達期間	15年間				
バイオマス		メタン発酵	間伐材由来		建設資材廃棄物	廃棄物 その他
			2000kW以上	2000ｋW未満		
	調達価格	39	32	40	13	17
	調達期間	20年間				

価値をプレミアムとして得ることができるが，電力の需給バランスも意識した運用も求められる．

13.3.2　低炭素電力の積極購入

発電のみならず電力の小売りも自由化され，さまざまな電力会社が存在している．電力会社は独自に発電所を有するものもあり，その発電種別により電力会社が販売する電力の二酸化炭素排出原単位に差がある．再生可能エネルギーの発電所を多く有する，あるいは再生可能エネルギー発電事業者と契約して電力を仕入れている電力会社の二酸化炭素排出原単位は小さくなる．大手の電力会社においても，二酸化炭素排出が無い電力メニュー（環境価値を上乗せした電気料金プラン）を用意して販売している場合がある．二酸化炭素排出原単位の小さい電力会社や電力メニューから電力を購入することが，電力消費者として再生可能エネルギーを支援することになる．

安定した販売先を確保することで，再生可能エネルギー発電事業者は事業計画が立てやすく，利益も確保できる．その利益は再生可能エネルギー事業へと再投資される場合が多く，導入拡大へと向かう．地域おこしも目的として設立された発電事業者においては，利益はその地域の復興などにも役立てられる．個人の消費者は，使用する電力が脱炭素であるという満足感を得られ，間接的に地域の応援もできる．電力の契約によって，発電事業者と消費者との距離が近くなる．都会の消費者が地方の発電事業者と交流し，自然豊かな地域を訪問して交流するといった事例もある．農産物におけるグリーンツーリズムと同様な交流である．

企業が低炭素・脱炭素の電力を購入することは，地球温暖化対策に積極的であるという企業イメージ向上に役立つ．また，多くの企業は，取引先から二酸化炭素排出削減を求められている．最終製品を製造する企業は，自社が排出する二酸化炭素のみならず，購入する部品や材料も含めた「すべての過程で発生する二酸化炭素」の削減を求められているからである．工場の屋根等に太陽光発電を設置し，生産に必要な消費電力の一部を賄うことは，今や常識にもなっている．それだけだと削減目標に達しない場合は，購入する電力の脱炭素化を行わざるを得ない．プレミアムを支払ってまで脱炭素化をする必要に迫られているのである．

低炭素・脱炭素の電力を購入したとしても，それは契約上・取引上の話であり，購入している電力は各地域の大手電力会社の配電網から供給されている．電力を購入している会社の敷地に電力小売り会社が再生可能エネルギー発電設備を設置，あるいは近隣の敷地に設置していて専用の電線を引いている，といった特殊な場合を除き，どの電力会社と契約していても電力システム全体からくる制約は避けられない．自然災害や事故等により停電が発生するリスクは，どの電力会社と契約していても同じである．

多くの電力小売り会社は，自社で所有あるいは直接契約している発電事業者が発電している電力量が需要を下回った場合には，電力の卸売市場から電力を調達して消費者へと販売している．（前述したとおり，取引上の話である．）電力が不足するような状況下では，卸売市場での価格は高い．販売価格よりも市場調達価格が高ければ，販売するほど赤字が増えることになりかねない．このリスクを電力小売り会社は負っており，2022 年頃のエネルギー価格高騰時には多くの電力小売り会社が営業停止したり新規契約の受付を停止したりしている．

13.3.3　二酸化炭素排出への課税

再生可能エネルギーを優遇することと併せて，二酸化炭素排出を経済的に抑制する手法も必要である．代表的なものは「炭素税」である．二酸化炭素の排出が避けられない化石エネルギー資源に，二酸化炭素排出量に応じた税金を課すことである．課税された分だけ価格が上昇するため，二酸化炭素排出が多い燃料の需要と消費は抑制される．

「炭素税」は制度設計が難しい．税率が低いと，低炭素・脱炭素エネルギーへと転換していく効果が低い．地球温暖化対策の原資となるであろう炭素税の税収も多くは見込めない．税率が高いと，エネルギー転換が困難な業種や個々の企業の経営を圧迫する．エネルギーはすべての産業で必要なため，経済活動全体を冷え込ませる恐れもある．輸出する製品の価格の上昇は，国際的な競争力の低下にも繋がりかねない．

エネルギー転換が困難な業種からの課税を免除したり，輸出時に税金を還付したりすることも考えられる．制度を複雑にするとそれに伴い手続きも複雑になりがちで，行政側も企業側も運用コストがかかる．課税事業者と免税事業者との間で不公平感も出やすい．不正に還付を受けるようなことは論外であるが，免税となるギリギリを狙う事業者が現れるのは当然である．

2023 年現在の我が国では，炭素税に相当する課税は石油石炭税の上乗せ分程度で，先行しているヨーロッパ諸国と比べると税率はかなり低い．急激な課税強化は混乱を招くであろうから，エネルギー転換に必要な時間を考慮して，税率を徐々に上げていくといった工夫も考えられる．産業界で二酸化炭素排出削減目標を定め，目標を上回って削減した分を企業間で取引して産業界全体としての削減を進める仕組みも検討されている．複雑さはあるが，削減しやすい企業が率先して取り組むことができる仕組みである．わかりやすく，公平感があり，二酸化炭素排出の抑制に効果的な制度の実現が求められている．

13.4　再生可能エネルギー発電量を増やすことの課題

再生可能エネルギー由来の電力を増やし，電力の二酸化炭素排出原単位を下げていくことが重要である．しかしながら，地域的に偏在し天候に左右される再生可能エネルギー発電を単純に増やし続けることはできない．2012 年に再生可能エネルギー固定価格買取制度ができ，再生可能エネルギー発電量は急速に拡大している．現時点までに顕在化している課題について触れ，解決の方向性を述べる．

13.4.1　配電網における系統空き容量

再生可能エネルギー発電として太陽光発電が先陣を切って増加した．一般家庭の屋根置きに加え，50 kW 未満（低圧連系）の小規模のものからメガソーラーと呼ばれる中規模（2,000 kW 未満の高圧連系）〜大規模（2,000 kW を大きく超える特別高圧連系）のものが各地で計画されて稼働している．大半の太陽光発電所は電力会社に売電するのであるが，接続する電線には多くの電力の消費者も接続されている場合が多い．高圧連系を想定し，太陽光発電による電圧の変動を**図 13.4** に示す．電力消費者を 5 箇所（A〜E）と単純化し，太陽光発電所を G で示している．左端が変電所である．消費量および発電量を矢印で示している．

電力会社は消費者に対し，決められた電圧範囲内で電力を供給する義務がある．電線には電気抵抗があるため，消費電力（電流の増加）や距離（抵抗の増加）に応じた電圧低下が避けられない．消費電力は季節・曜日・時間帯により変動するため，電圧低下も一定ではない．供給する電圧が年間を通じて「決められた電圧範囲」を逸脱しないよう，多数の配電線（主として電柱の上にある 3 本 1 組の電線）からなる配電網を整備している．

図 13.4 の配電線に太陽光発電所を接続した場合を考えてみる．接続前は A〜

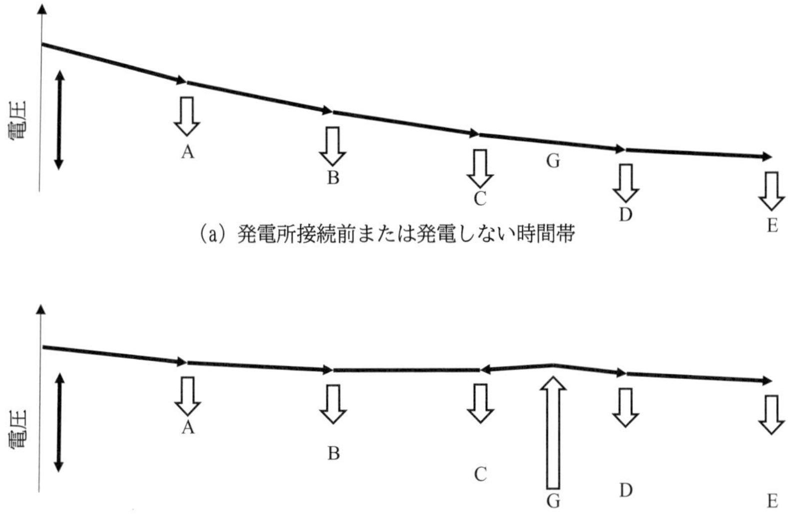

(a) 発電所接続前または発電しない時間帯

(b) 接続した発電所が運転中

図 13.4　配電網に再生可能エネルギー発電を接続した場合の電圧変化

E の電圧が上下の矢印で示した基準範囲内に入っている．ここに太陽光発電からの電力が供給されると，G の付近の電圧が上昇する．A や B を流れる電流が低下するため，A や B の電圧も上昇する．一見すると電圧分布が平坦となって良く見えるが，A での電圧が基準範囲を超える可能性がある．変電所から送出する電圧を下げることによって，全体の電圧を下げることができる．この場合，太陽光発電量が見込めない夜間には，E の電圧が基準範囲を下回る可能性がある．どこかの地点が基準範囲を逸脱する可能性がある場合には，G に太陽光発電所を接続することが許可されない．筆者が所有する 50 kW 級（49 kW・低圧連系）の太陽光発電所（第 12 章・**図 12.15**）では，パワーコンディショナーの出力側の電圧も記録している．近所の工場が休みで近隣の電力消費が少ない休日が晴天であると，基準範囲内ではあるのだが日中の電圧がかなり上昇することが観測されている．

2,000 kW 未満の太陽光発電所は配電線に連系して良い制度になっているのだが，近くにある電柱で接続できるとは限らない．発電出力がゼロから最大まで変動しても消費者へ供給する電圧が基準範囲に納まるか等を検討して，接続の可否を決める．近くの配電線に接続できない場合は，接続可能な地点まで単独で電線を敷設するか，既存の配電線を増強するかの工事が必要となる．発電所を接続するために必要となる費用は発電事業者の負担（接続負担金）とすることが定められている．接続負担金が高額となるために発電事業を断念するケースが多くある．

13.4.2　電力需給のアンバランス

電力会社には多数の発電所があり，それに加えてさまざまな再生可能エネルギー発電所がある．電力は交流で供給されているため，すべての発電所は同一周波数かつ同一の位相で同期して運転されていなくてはいけない．2 人で乗車して一緒にペダルを漕ぐ自転車があるが，2 人が漕ぐタイミングはピッタリ一緒でなくてはならない．これと全く同様なことが，電力系統に繋がるすべての発電機に求められていて，100 人でペダルを漕ぐ自転車のようなものとなっている．（太陽光発電のように直流を交流に変換する発電においては，パワーコンディショナーが出力を同期させている．）自転車で走行する際に，全員が常に全力でペダルを漕いでいるわけではない．平坦であれば弱い力，上り坂は全力と，コントロールしている．発電も同様で，同じ回転数（＝周波数）を維持するよう，出力を上げ下げしている．常に同一出力で運転するベース電源と，需要に応じた出力調整が得意な調整電源とが存在し，これらの組み合わせにより需要と供給がバランスするように制御している．電力需要の少ない季節に発電所のメンテナンスを行う等，需要が多い季節や時間帯に供給力が不足しないような運用がなされている．万一，需要が供給力を超えてしまったら，最悪の場合にはすべてが停電する事態となる．

東日本大震災の直後，原子力発電所が停止したのみならず，太平洋沿岸の多くの火力発電所が被災したために電力の供給力が大幅に低下した．3 月・4 月と電力需要が少ない時期ではあったが，東京電力では供給力不足が懸念された．東京電力では計画停電（輪番で特定の地域の電力供給を止める）を実施して需要を強制的に下げて，広域での停電を回避した．東北電力も供給力が大きく損なわれていたが，電力を消費する側も被災していたため，需要は何とか賄えた．

再生可能エネルギー発電の多くは気象条件により出力が変動する．太陽光発電が増加しており，昼間は主力電源の 1 つとなっている．電力需要が少ない時期（冷暖房需要が少なく工場の稼働が少ない 5 月連休中など）が晴天となると，昼間の電力供給が需要を上回る可能性がある．供給過剰となった場合には周波数が高い側に変動して不安定化し，最悪の場合にはすべてが停電する事態となる．出力調整が可能な火力発電と水力発電で出力制御を行い，さらに揚水発電で電力を消費して上池に汲み上げることにより，需要と供給のバランスを取っている．これらで調整できる範囲を超える場合には，再生可能エネルギー発電所の一部に出力抑制（停止）の要請をすることとなる．再生可能エネルギー発電の出力抑制はもったいない事であるが，停電の回避や電力系統全体の安全のためにはやむを得ない．

東北電力の電力需給データ [7] から，2022 年の特徴的な日をグラフ化し，**図 13.5** に示す．このグラフでは，家庭用太陽光発電での発電量のうち家庭で消費した分等の「自家消費」は，需要の減少として現れている．また，東北地方（特に福島県内）に存在していても，東京電力に連系されている発電所の発電量は含まれていない．猪苗代湖周辺の水力発電所や布引高原風力発電所など，出力の大きい発電所がいくつも東京電力に連系している．

1）は 8 月の暑い日で，冷房の需要が旺盛であった．火力発電が昼夜を問わず高い出力で運転している．晴天であったため，昼間は太陽光発電の貢献も大きい．ただし高温のために発電効率は低下（第 12 章）している．首都圏の電力需要は常に大きく，東北電力から東京電力に送電を行っている．

2）3 月 22 日は東京電力および東北電力に電力逼迫警報が発令された日である．厳冬期を過ぎて電力需要が減少する季節であるため，一部の発電所は定期点検等で発電休止中であった．そこに寒波が到来し，例年よりも大幅に気温が低下して暖房需要が急増した．前日に太平洋側にも降雪があり，太陽光発電量が大幅に低下するという悪条件も重なった．この日は北海道電力から応援を受け，発電可能な火力発電をフル稼働させ，東北の需要を賄った上で東京電力にも送電した．夏季と冬季は多くを火力発電所に頼っており，再生可能エネルギー発電をさらに増やしたい状況にある．

3）は電力需要が少ない 5 月の平日である．再生可能エネルギーで昼間の需要をほぼ賄うことができている．太陽光発電量が減少する時間帯の電力を賄う

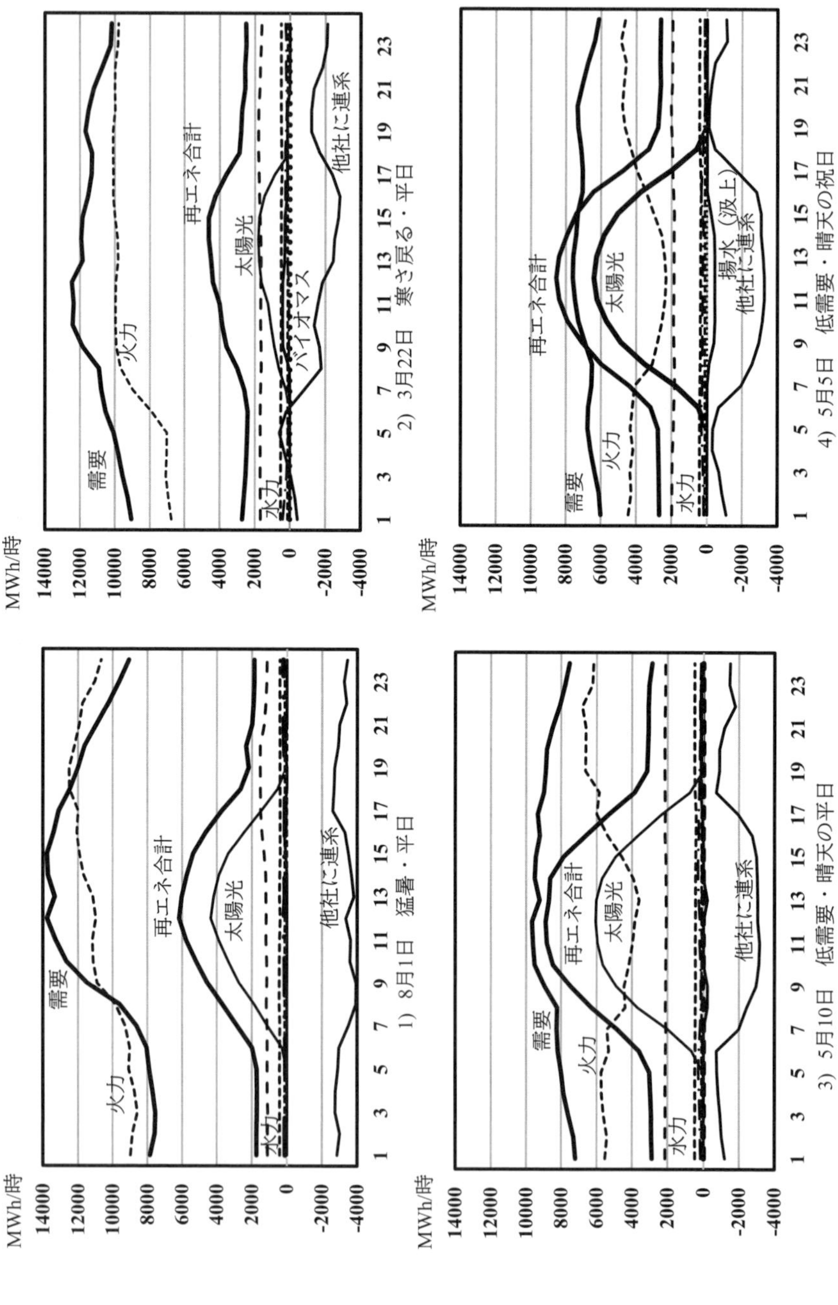

図 13.5　東北電力の電力需要とエネルギー種別毎の発電量（2022 年）

ため火力発電が必要であり，昼間は出力を下げているが停止にはできない．余剰分は東京電力に送電することにより，バランスを取っている．

4) は需要がさらに少ない祝日である．火力発電や揚水発電での調整を最大限行い，東京電力にも相当量の送電をしている．それでも供給過剰の恐れがあったため，太陽光発電所の出力抑制が行われた．出力抑制は，太陽光発電の比率が高い九州電力で最初に実施され，その後には大都市圏をもたない電力会社に拡大していった．2023 年には中部電力でも実施され，首都圏と関西圏を有する東京電力と関西電力を除き，大半の電力会社で実施されるようになっている．

需要と供給をバランスさせるためには，出力を調整できる発電設備が必要である．現状では，LNG を燃料とするガスタービン発電やコンバインドサイクル発電（第 5 章）が調整力を担っている．設備稼働率が低くなるため，採算性の課題がある．低出力と高出力運転を繰り返すことを強いられるため，維持管理費も高くなるであろう．脱炭素の流れのなかでは，火力発電所の新設は抑制的であるべきと考えるが，調整力の増強は不可欠である．ダム式水力発電や揚水発電（第 12 章）も優れた調整力をもつが，適地は限られるために新設は期待できない．

13.4.3　カーボンニュートラル時代に向けた電力のあり方

再生可能エネルギー発電をさらに増加させ，カーボンニュートラルに向かうための方策について，私見を述べておきたい．

配電網に接続できないことを回避するためには，太陽光発電を自家消費型とすることが有効である．事業所から配電線に電力が送られること（逆潮流）が無い範囲であれば，特に制約なく太陽光発電設備が設置できる．太陽光発電の発電単価は，既に電力会社から購入する単価を下回っている．高額の接続負担金を払って FIT で売電するよりも，自家消費する方が有利である．2023 年には大半の電力会社が電力料金の値上げを予定（執筆時点で値上げが認可されている）しているため，太陽光発電自家消費の優位性はさらに増加する．

太陽光発電が安価であれば，発電設備を多めに設置し，発電量が多い時間帯に消費をシフトして使い切る（その分，他の時間の購入電力量を減らす）という制御がコスト削減に繋がる．追加的な設備投資が必要となるが，蓄電池を併設することも有効な手段である．昼間の余剰分を蓄電しておき，不足時に放電することにより，購入電力量を削減することができる．

隣接する複数の事業者が連携して発電と蓄電を行い，電力に加えて熱エネルギーも融通し合うことにより，大規模かつ効率的に再生可能エネルギーを導入することができる．さらに広域化して発電・消費・蓄電等をコントロールすれば，その地区ではエネルギー地産地消・自給自足が実現するかもしれない．その際は消費もコントロールすることが重要と考えている．電気自動車への充電やヒートポンプでの蓄熱が，消費量を発電量と合わせるために活躍すると予想している．

蓄電池の設置と電力需要のシフトは，配電網の制約回避のみならず，昼間の供給力過剰の緩和にも効果がある．このような設備投資が進むような施策が必要である．助成金・低金利融資・税金の減額といった直接的な支援も考えられ，供給力過剰の時間帯への電力消費シフトを促すような料金制度設計も考えられる．

気象条件が整ったときに供給力が過剰となることの解消策としては，需要が多い首都圏や関西圏への送電線の強化が挙げられる．前述したように，東京電力福島第一原子力発電所と首都圏とを結ぶ送電線の活用が開始されている．同様の取り組みの拡大が必要である．風力発電は1か所当たりの発電量が大きい．洋上風力発電は，さらに大規模である．ここで発電された電力が消費地に届くよう，送電線の整備も並行して行わなくてはならない．

現在の電力大消費地がそのままで良いのかという問題意識も，筆者は有している．再生可能エネルギー資源が豊かな地域は，過疎に悩む地域である場合が多い．人口と産業を大都市から地方へと分散させることにより，エネルギー消費も面的に分散する．これにより長距離送電する量を削減でき，地方も活性化する．エネルギーだけでなく，農産物も地方から都市へと移動している．地方に消費者が増えて地産地消する分量が増えれば，その分の輸送で発生していた環境負荷が軽減する．大災害が大都市圏を襲った場合の被害の大きさが懸念されているが，そのリスクも多少は分散する．

国全体でさらに再生可能エネルギー発電の導入が進み，好天時の供給力の過剰が大きくなる時代においては，電力の燃料転換が大きな役割を果たすと思う．

その頃にはカーボンニュートラル燃料の需要も高まっているであろう．水素に代表される燃料の製造に，消費電力を調整する力をもたせることが必要である．

調整力としての火力発電は，今後も必要であると思っている．二酸化炭素排出原単位の少ない燃料を用いた高効率のもののみ，残していく方向であろう．カーボンニュートラル燃料を使用できれば，さらに望ましい．この火力発電は供給力の調整のために存在するため，設備稼働率は低く，採算性が悪いものとなるであろう．調整力にも価値を認め，社会で負担しなくてはならない．

再生可能エネルギー発電の多くが気象条件による変動を受けるので，「極端な気象条件になった場合には，電力供給力が不足する」ことを社会で受容する必要があると思っている．とは言え，広域で全停電する事態は避けなくてはならない．「経済活動等にある程度の制約を課すことになるとしても需要を大きく下げる方策」をいくつも設定し，供給力不足の際には順に発動していくくらいの覚悟が必要であると思っている．2022 年の電力逼迫警報のとき等は節電要請でも相当の効果が得られたが，消費側にもさらに強力な施策が必要であることは間違いない．

13.5　終わりに

カーボンニュートラル社会実現のためには，さまざまな取り組みが必要であることを理解いただけたと思う．各種機器の省エネ・再生可能エネルギー発電・エネルギーインフラといった規模の異なるハードウエア，個人・家庭・商業・製造業・物流運輸・エネルギー供給事業者・金融・行政・政治といったさまざまな取り組み主体，優良技術の製造販売・革新的技術開発・推進施策立案・政策実施・料金制度改革・金融支援・教育啓蒙活動といったさまざまなアプローチ，多岐にわたるのである．すぐにでも導入して実施すべきもの，実証試験に着手するもの，可能性評価を行うもの，2030 年に向けて開発するもの，2050 年に向けて研究するもの，時間軸を意識することも重要である．

地球環境が持続的であり続けるためには，カーボンニュートラルへの取り組みが不可欠である．本書を手に取り，本章を読んだ諸氏が，それぞれの立場で最大限の取り組みをすることを期待したい．

参考文献

1) 福島県企画調整部エネルギー課　「福島県再生可能エネルギー推進ビジョン 2021」：(https://www.pref.fukushima.lg.jp/sec/11025c/2021vision.html))
2) 産業技術総合研究所　福島再生可能エネルギー研究所：(https://www.aist.go.jp/fukushima/index.html)
3) エネルギー・エージェンシーふくしま：(https://energy-agency-fukushima.com/)
4) 南相馬市　公式 HP：(https://www.city.minamisoma.lg.jp/), 南相馬市再生可能エネルギービジョン：(https://www.city.minamisoma.lg.jp/material/files/group/10/vision_01.pdf)
5) 環境省　脱炭素ポータル：(https://ondankataisaku.env.go.jp/carbon_neutral/)
6) 経済産業省　資源エネルギー庁　なっとく！再生可能エネルギー：(https://www.enecho.meti.go.jp/category/saving_and_new/saiene/)
7) 東北電力ネットワーク　東北 6 県・新潟エリアでんき予報「過去実績データはこちら」：(https://setsuden.nw.tohoku-epco.co.jp/graph.html)

索　引

〈ア　行〉

〈カ　行〉

〈サ　行〉

〈タ　行〉

〈ナ　行〉

〈ハ　行〉

〈マ　行〉

〈ヤ　行〉

〈ラ　行〉

〈英　名〉

【著者紹介】

浅田　隆志（あさだ たかし）

2004年　長岡技術科学大学大学院工学研究科博士課程修了
専門分野　エネルギー・環境工学
現　在　福島大学共生システム理工学類教授．博士(工学)

佐藤　理夫（さとう みちお）

1987年　東京大学大学院工学系研究科博士課程修了
専門分野　化学工学
現　在　福島大学共生システム理工学類教授．工学博士

カーボンニュートラル社会実現のための
資源・エネルギー学

2023 年 10 月 15 日　初版 1 刷発行

著　者　浅田隆志
佐藤理夫　Ⓒ 2023

発行者　南條光章

発行所　**共立出版株式会社**
〒 112-0006
東京都文京区小日向 4-6-19
電話番号 03-3947-2511（代表）
振替口座 00110-2-57035
www.kyoritsu-pub.co.jp

印　刷
製　本　錦明印刷

検印廃止
NDC 501.6

一般社団法人
自然科学書協会
会員

ISBN 978-4-320-08872-6

Printed in Japan